JN287998

実用ソフトで簡単計算
Katayanagi Motion Analysis Program

KMAP
による 制御工学演習

片柳 亮二

産業図書

はじめに

　制御工学は多くのシステム製品に使われており，設計技術者にとって制御工学は必須の知識となっている．そのため多くの制御工学の教科書が出版されている．基礎的な教科書の中に代表される項目には次のようなものがある．ラプラス変換，伝達関数，根軌跡，過渡応答，周波数応答，制御系の安定判別，制御系の性能解析等である．一方，実際の設計の現場では昔のように電卓やグラフ用紙を使って設計を行うことはなく，かなり高度な計算まで自分のパソコンで解析可能となっている．このような現状をとらえると，上記制御工学の項目の中で，例えばラプラス変換の各種変換公式，特にラプラス逆変換，またラウス，フルビッツの安定判別法などはほとんど使われることはない．おそらくメーカの制御技術者にこれらの問題を出しても回答できないのではないかと思われる．ただし，誤解ないようにしていただきたいのは，通常実際の現場では過渡応答を得るためにラプラス逆変換は使うことはなく，パソコンでシミュレーションという手法で解析するということであり，ラプラス変換そのものの考え方は重要である．

　このような背景から，本書は実際の設計演習問題に対して自分のパソコンを使って設計現場と同じような解を得ることができる，いわゆる"実際に役に立つ制御工学"の教科書を目指したものである．制御工学に限らず，基礎的事項をより深く理解するためには，実際の問題を自分で解いてその効果を確かめてみることが重要である．ところが，制御工学の問題を実際に解くには固有値計算等種々の解析計算ツールが必要であるが，一般に市販されている制御系設計ソフトウェアは高価であり，入門者が制御工学の演習のために利用するのは簡単ではない．

　そこで本書では，制御工学の演習を自分のパソコンで実際に解くことができ

る"**KMAP**(ケーマップ)"というソフトウェアを用いる．KMAPとは"Katayanagi Motion Analysis Program"の略で，航空機の運動解析用に開発されたソフトウェアである．これをバージョンアップする形で，制御系設計ルーチンを初心者にも簡単に使えるように機能追加したものである．KMAPは，シミュレーションと線形安定性解析の両方の結果を1つのインプットデータから得ることができる便利なソフトウェアであり，微分方程式や複素数の演算にあまり馴染みのない人でも簡単に利用できる．読者もKMAPを用いて実際の制御系の設計解析を楽しんでいただけると幸いである．

最後に，本書の執筆に際しまして，特段のご尽力をいただいた産業図書株式会社の編集担当，鈴木正昭氏にお礼申し上げます．

2008年7月

片柳亮二

目　次

はじめに　i

第1章　解析プログラム KMAP（ケーマップ）とは　……………… 1
1.1　特徴　……………………………………………………………… 1
1.2　どのような解析ができるのか　………………………………… 3
1.3　プログラムのインストール方法　……………………………… 5
1.4　プログラムの起動　……………………………………………… 6
1.5　インプットデータの読み込み　………………………………… 7
1.6　ご利用にあたっての注意事項　………………………………… 8

第2章　制御工学の考え方　…………………………………………… 9
2.1　制御工学の考え方　……………………………………………… 9
2.2　制御システムの基本的な構成　………………………………… 10

第3章　ラプラス変換と伝達関数　…………………………………… 13
3.1　ラプラス変換　…………………………………………………… 13
3.2　伝達関数　………………………………………………………… 18
3.3　ラプラス空間上での特性解析　………………………………… 23

第4章　制御系の極と零点　…………………………………………… 25
4.1　極と零点　………………………………………………………… 25
4.2　極・零点と応答特性との関係　………………………………… 26

第5章 フィードバック制御 ································ 31
5.1 フィードバック制御の構造 ···························· 31
5.2 フィードバックの効果例 ····························· 33

第6章 根軌跡 ·· 37
6.1 通常の根軌跡 ····································· 37
6.2 ゲインが負の場合の根軌跡 ··························· 50

第7章 周波数特性 ···································· 53
7.1 周波数伝達関数 ··································· 53
7.2 ボード線図 ······································ 55

第8章 周波数領域における安定判別法 ···················· 61
8.1 ナイキストの安定判別法 ····························· 61
8.2 ボード線図による安定判別 ··························· 67

第9章 現代制御理論による解析法 ························ 73
9.1 最適レギュレータ（LQR制御） ························ 73
9.2 サーボ系（LQI制御） ······························ 83
9.3 極配置法 ······································· 91
9.4 極の実部をある値以下に指定する方法 ··················· 96
9.5 オブザーバ ····································· 99
9.6 H_∞制御 ······································ 107

第10章 解析プログラム KMAP の使い方 ·················· 125
10.1 全般 ·· 125
10.2 状態方程式で表される場合 ·························· 125
10.3 状態方程式＋フィードバックの場合 ··················· 134
10.4 状態方程式を用いない場合 ·························· 140
10.5 制御則データにおける関数の使い方 ··················· 145
10.6 インプットデータのオンライン修正方法 ················ 162

参考文献 …………………………………………… 169

索　引 …………………………………………… 171

第1章 解析プログラム KMAP（ケーマップ）とは

　本書では，制御工学を演習を通して学ぶために，実際に制御系の計算を簡単に行える KMAP（ケーマップ）というソフトウェアを用いる．KMAP とは"Katayanagi Motion Analysis Program"の略で，航空機の運動解析用に開発されたソフトウェアである．これをバージョンアップする形で，制御系設計ルーチンを初心者にも簡単に使えるように機能追加したものである．本章では，この KMAP を自分のパソコンで使用できるようにソフトウェアのダウンロードの方法等を述べる．

1.1　特　　徴

　KMAP は，図 1.1 に示すように，制御システムについて線形安定性解析と

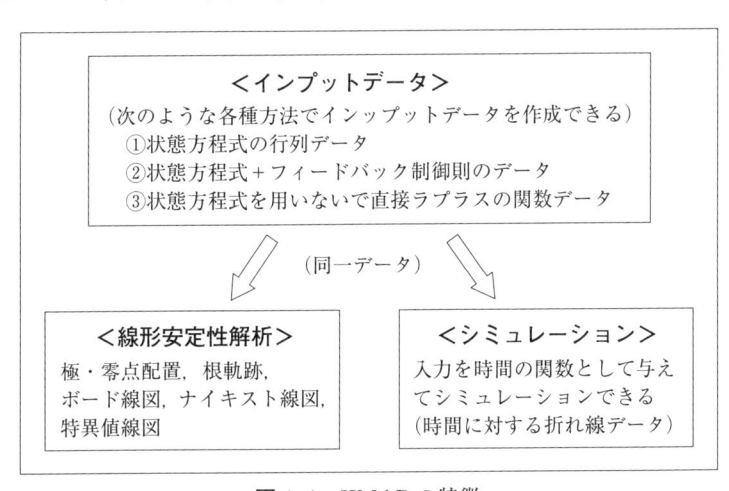

```
┌─────────────────────────────────────────┐
│           ＜インプットデータ＞              │
│  （次のような各種方法でインップットデータを作成できる）│
│    ①状態方程式の行列データ                   │
│    ②状態方程式＋フィードバック制御則のデータ      │
│    ③状態方程式を用いないで直接ラプラスの関数データ  │
└─────────────────────────────────────────┘
         ↙        （同一データ）    ↘
┌──────────────────┐    ┌──────────────────┐
│  ＜線形安定性解析＞  │    │  ＜シミュレーション＞│
│  極・零点配置，根軌跡，│    │  入力を時間の関数として与え│
│  ボード線図，ナイキスト線図，│ │  てシミュレーションできる│
│  特異値線図          │    │  （時間に対する折れ線データ）│
└──────────────────┘    └──────────────────┘
```

図 1.1　KMAP の特徴

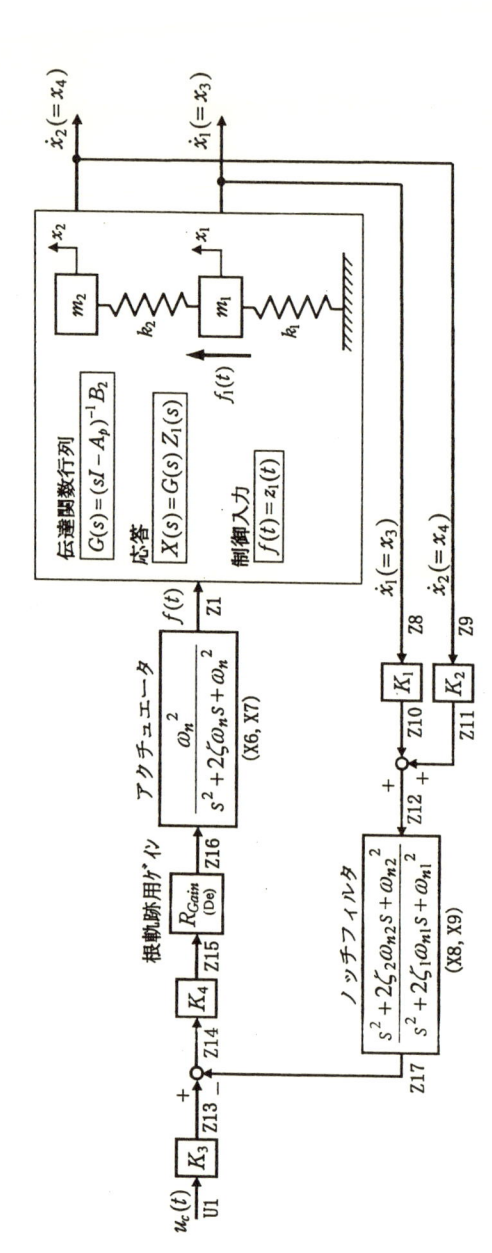

図 1.2 解析実施例

シミュレーションの両方の結果を1つのインプットデータから得ることができる便利なプログラムであり，微分方程式にあまり馴染みのない人でも簡単に利用できる．

1.2 どのような解析ができるのか

ここでは，本解析プログラム KMAP の機能の紹介として，解析実施例を示す．その詳細は後述する実際の解析内容の章で詳しく述べる．

この解析例は，図1.2に示す2自由度振動系の振動速度 $\dot{x}_1$ および $\dot{x}_2$ を強制力 $f(t)$ にフィードバックすることにより，振動の減衰を改善する設計例である．

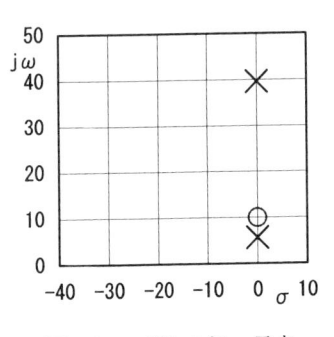

図 1.3 $x_1/U1$ の極・零点
（×：極, ○：零点）

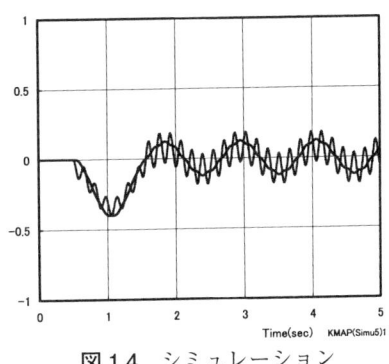

図 1.4 シミュレーション

改善前の特性は，図1.3の極・零点配置でわかるように，5（rad/s）および40（rad/s）付近に減衰の悪い振動が生じる．図1.4はシミュレーション結果である．このシステムに，図1.2に示したフィードバック制御により改善を行う．

図1.5は，図1.2のブロック図においてアクチュエータ操作端ラインのゲインを変更して描いた根軌跡である．ゲインを増していくと，極（特性根）はフィードバック前の極（×印）から一巡伝達関数の零点（○印）に向かって移動する．極が右半面に入ると制御系は不安定となる．根軌跡を描くと，いま考えている制御系の構成がよいのかどうかを判断できる．

図 1.5　根軌跡

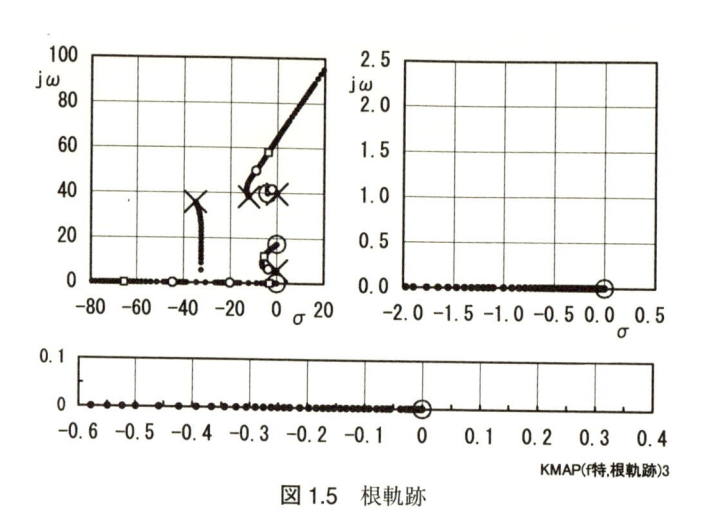

　図 1.6 は一巡伝達関数の周波数特性である．これにより，安定余裕等が明らかとなる．

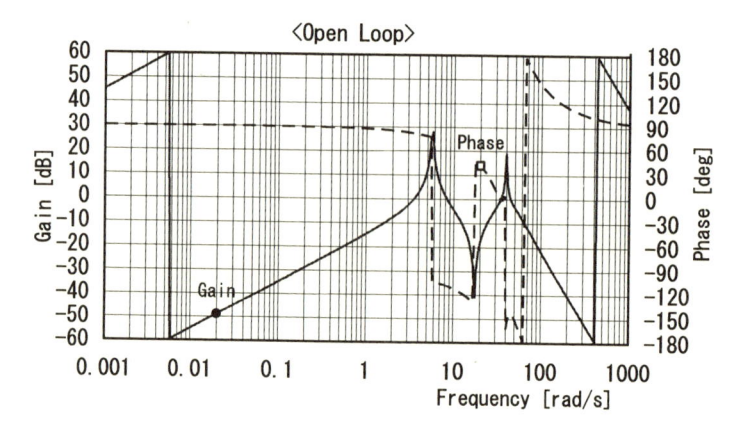

図 1.6　一巡伝達関数の周波数特性

　このようにして決定されたフィードバック制御則に対して，改善後のシミュレーション結果を図 1.7 に示す．図 1.4 に比べて特性が改善していることが確認できる．この例題については，第 10 章の KMAP の使い方の章においてインプットデータの作り方の例題として詳しく述べる．

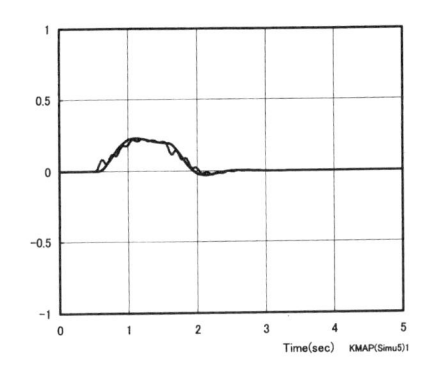

図1.7 改善後のシミュレーション結果

　KMAPを用いるとこの例で示したような解析が，実際に自分のパソコン内で容易に解くことができる．また，第9章においては，現在設計の現場で広く使われている現代制御理論（最適レギュレータ，H_∞制御等）の各種方法についても演習を通して学べるようになっているので，ぜひKMAPによる解析法をマスターして，実際の設計作業に有効利用していただきたい．

1.3　プログラムのインストール方法

　本書のプログラムを下記手順にてインストールします．インストールしたプログラムは，そのままMicrosoft Windows上で実行することができます．(Windows Vista，XPおよびMeにおいて作動することを確認しています)．
　(1) インターネットで，著者の下記ホームページにアクセスする．
　　　　● http://r-katayanagi.air-nifty.com
　　このホームページ内に，「**KMAPによる制御工学演習**」の項目があり，その下の「KMAPのダウンロード」をクリックすると，ユーザー名とパスワードを入れる欄が表示されます．そこに下記をキーインするとダウンロードのページに入ることができます．
　　　ユーザー名：「katalabo3」，パスワード：「kmap」
　(2) ファイルをダウンロードし解凍します．
　　フォルダC：¥KMAPを作成し，そのフォルダ内に解凍したファイル

を全て移動すると準備完了です．

　ファイルの内容は下記のようになっています．

① 計算プログラム実行ファイル
　　・KMAP∗∗.exe
　　　　（∗∗はプログラムのバージョンを表す番号）
② インプットデータファイル
　　・∗∗∗∗.DAT
　　　　（∗∗∗∗はユーザが設定する適当なファイル名）
　　　　（本書で用いたデータファイルもダウンロードされます）
③ 計算実行時の書き出しファイル
　　・TES1.DAT ～ TES10.DAT
　　・Case1.csv
④ グラフ作成 Excel ファイル
　　・KMAP（f特,根軌跡）∗∗.xls
　　　　（安定性解析結果の図ファイル）
　　・KMAP（ナイキスト線図）∗∗.xls
　　　　（ナイキスト線図の図ファイル）
　　・KMAP（特異値線図）∗∗.xls
　　　　（特異値線図の図ファイル）
　　・KMAP（Simu∗∗）∗∗.xls
　　　　（シミュレーション結果の図ファイル）
⑤ 支援ファイル
　　・W000CS.DAT
　　　　（インプットデータ作成支援用データ）
　　・KMAP.BAT
　　　　（C:¥KMAP ホルダーへ移動する実行ファイル）

1.4　プログラムの起動

(a)　プログラムの起動は，Windows のコマンドプロンプト画面から行うの

が便利である．このコマンドプロンプト画面を用いなくとも直接 C:¥KMAP ホルダー内のプログラム KMAP＊＊.exe をダブルクリックすればプログラムの起動は可能である．しかし，この場合は計算が終了すると画面は消えてしまうので計算の途中結果も一緒に消えてしまうため解析状況がわかりにくい．これに対して，コマンドプロンプト画面から実行すると，計算終了後も画面に履歴が残るし，また画面のコピーを用いて出力のデータを報告書に貼り付けて使うことも可能で使いやすい．

(b) コマンドプロンプト状態にするには，Windows の「スタート」，「プログラム」，「アクセサリー」，「コマンドプロンプト」を起動する．ここで，**CD C:¥KMAP** とタイプインすると次のようなコマンドプロンプト状態となる．

```
Microsoft Windows XP [Version 5.1.2600]
(C) Copyright 1985-2001 Microsoft Corp.

C:¥Documents and Settings¥Administrator>CD C:¥KMAP

C:¥KMAP>
```

なお，"C:¥Documents and Settings¥Administrator" のホルダーに，添付の "KMAP.BAT" ファイルをコピーしておくと，**KMAP** とタイプインすれば，上記プロンプト状態にできる．

(c) C:¥KMAP¥ ＞の状態から **KMAP＊＊** とキーインすると，プログラム KMAP＊＊.exe ファイルが起動できる．（＊＊はプログラムのバージョンを表す番号）

1.5 インプットデータの読み込み

プログラムが起動すると，インプットデータのファイル名を聞いてくるの

で，****.DAT（****は作成したファイル名）をタイプインすると下記のような表示となる．

```
$$$$$$$$$$$$$$$$$(画面出力例)$$$$$$$$$$$$$$$
C:¥KMAP>KMAP**   (←プログラム名を入力)
File name missing or blank - please enter file name
UNIT 8? ****.DAT  (←インプットデータ名を入力)
    ...IPRNT=0 : Simulation...
           =2 : Stability Analysis...
----(INPUT)---- IPRNT=
```

これ以降の操作方法は，後述する実際の解析内容の章で説明する．

1.6 ご利用にあたっての注意事項

航空機の運動解析プログラム（KMAP）は，産業図書株式会社が著作権者の許諾を受け，お客様に使用許諾するものです．ご利用にあたっては，下記注意事項をお読み下さい．
  (1) プログラム（KMAP）およびデータをはじめ，本書の内容の著作権その他の権利は著者にあります．
  (2) KMAPは本書を購入頂いたお客様の個人利用の範囲内において使用できます．
  (3) 利用者は第三者に譲渡，貸与することはできません．
  (4) KMAPを使用したことによる直接的または間接的に生じた障害や損害については，著作権者ならびに産業図書株式会社は一切の責任を負いません．

第2章 制御工学の考え方

　制御工学は難しいと考える学生が多い．そのように考える学生は，実は制御工学の本質を理解しないで，難しい論文の数式を眺めて難しそうだと言っていることが多い．本当に制御工学が難しくなるのは，かなりの領域まで知識が深まってからだと思う．本章では，制御工学は決して難しい学問ではなく，実際の設計現場で役に立つものであること等，制御工学の基本的考え方について述べる．

2.1 制御工学の考え方

　近年の飛行機の例をみると，制御なくしては飛行が不可能である機体が多く見られるようになった．尾翼がない機体や，機体自身では不安定な機体が出現している．このような例をみると，制御は万能であるかのような錯覚を生じる．これは間違いである．制御は限られた範囲，限られた条件内において威力を発揮するが，想定外の自体，例えばコントロール能力以上でないと制御できない場合には非常に危険な状態に陥ってしまうやっかいなシステムである．従って，制御は何か特別なもので難しいからくりがあるとの誤解をする人も多い．制御工学の基本は簡単かつ明快である．すなわち，システムのある状態を目標値と差をとって，目標値に達していなければ操作を続け，目標値をオーバしたら戻すというのが制御の基本である．
　このように制御の基本は簡単であるが，ただそのままでは良い制御系とは言えない．良い制御系の意味はこれから学んでいくが，良い制御系にするためには多少の工夫が必要である．将来実際の開発現場で制御系設計をする人もいると思うが，その際の注意点を一つ述べる．実際のシステムは非常に複雑な事象

の組み合わせで動作しているが,このシステムを設計解析する際,通常我々は線形の範囲に理想化してシステムの動作現象を微分方程式で表す.こうして得られた数学モデルのシステムに対して,特性を良好化するために制御工学の手法を用いて制御装置を開発するわけである.設計で用いた微分方程式が成り立っている範囲であれば,設計結果はすばらしい良好な特性を与える.ところが,実際のシステムの動作は複雑であり,線形のモデルと異なっている場合,例えばその中の一部が故障した場合には当初考えていた動作とは違った特性を示す.そのようなあらゆる場合を想定してシステムを安全に良好化することは非常に手間のかかる仕事であり,また制御工学の難しさはそこにあると言っても過言ではない.この難しさを克服するには,制御工学の知識の他に,制御対象のシステムの挙動を十分に理解しておくことが重要である.制御の専門家の中には制御の設計法に興味はあっても制御対象の特性には関心がない人も見受けられる.制御対象の挙動を良く見極めながら不具合のない良い制御系を設計することが重要である.

例えば,飛行機の制御システムのように,不具合が起こると大変な事態に陥る場合には,絶対安全な制御システムを開発することが求められる.そのためには実際のシステムの開発を数多く経験する必要があるが,経験を積むためにも制御工学の基礎知識をしっかり身に付けておくことが重要である.

2.2 制御システムの基本的な構成

図 2.1 は制御システムの基本的な構成である.制御対象にコントロール入力 δ を加えると応答 x が出力される.

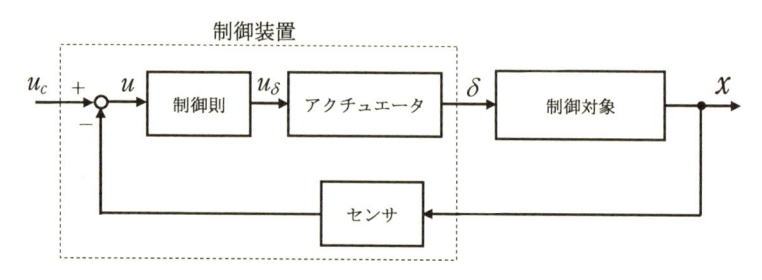

図 2.1 制御システム

第2章 制御工学の考え方

いま図2.1における応答 x を目標値 u_c に近づける制御を考える．x をセンサで検出して，フィードバックして目標値 u_c との差 u を作る．x が目標値よりも不足していれば差 u は正の値になり，このときアクチュエータに u に比例した操作を指令する．もし制御量が目標値を上回った場合には，差 u は負の値になり，このときアクチュエータに u に比例した逆の操作を指令する．これを差 u が小さくなるまで続ける．このように，制御量と目標値の差に比例した量をアクチュエータへ操作指令を行うフィードバック制御系が制御システムの基本的な構成である．

図2.1の例からわかるように，制御システムの基本的な構成は簡単なものである．すなわち，制御対象のある状態量 x を目標値 u_c に一致させるために，それらの差を操作量としてアクチュエータ（モータ）に指令するというものである．通常我々の行動パターンもこのような基本的な制御を行っており，理解し易いシステムである．図2.1のシステムで，状態量と目標値が一致するとそれらの差が0となり，アクチュエータ指令も0となる．これで制御システムの性能が良好であれば設計は終了で，後はそれらを製造するだけである．このときの制御設計者の仕事は，図2.1のシステムブロック図を書いた時点で一瞬のうちに終了してしまう．本当にそうであろうか．それならば何故多くの制御技術者が研究を重ね，数多くの難しい論文が発表されるのであろうか．制御工学の考え方は簡単であるが，実際の制御系設計は簡単ではない．何をしなければならないかを図2.2の応答特性の例で説明しよう．

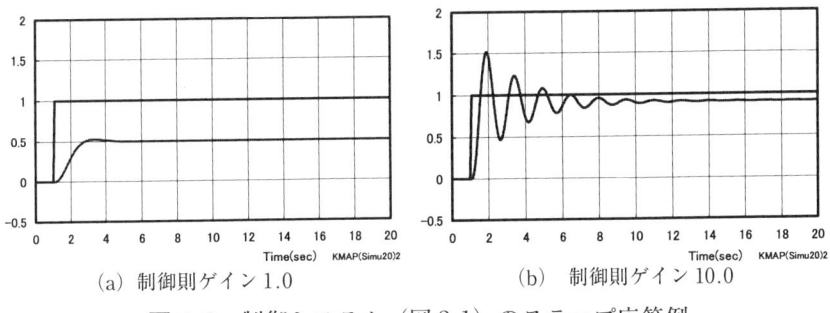

(a) 制御則ゲイン 1.0　　(b) 制御則ゲイン 10.0

図 2.2 制御システム（図 2.1）のステップ応答例

図2.2 (a) は図2.1のシステムの中の制御則の比例値（ゲインという）を1

とした場合である．目標値（$u_c=1$）に対して定常値が半分くらいで，応答も速くはない．これは，状態量と目標値の差があってもアクチュエータへの操作量が小さいからである．これに対して，図 2.2 (b) はゲインを 10 とした場合で，応答も速く定常値も 1 に近い値となっている．しかし，図からわかるように振動的で減衰も悪く，定常値も完全に 1 にはなっていないことがわかる．このような特性で満足であれば問題はないが，図 2.2 の結果は制御目標を十分満足していないことは明らかである．制御系設計者のやるべきことは，制御目標を満足するように，例えば図 2.3 のように，制御則を工夫することであり，本書でこれから具体的に学んでいく．

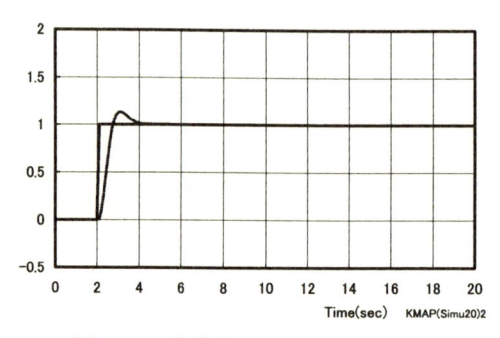

図 2.3 改善後のステップ応答例

第3章 ラプラス変換と伝達関数

本章では,制御工学において重要な役割を演ずる複素数について復習し,その応用であるラプラス変換について説明した後,ラプラス変換後のシステムの入出力関係式である伝達関数について述べる.

3.1 ラプラス変換

(1) 複 素 数

まず**複素数**(complex number)について復習しよう.複素数 z は,図3.1に示すように,二つの実数 x, y を用いて

$$z = x + jy, \quad j = \sqrt{-1} \tag{3.1}$$

と表わされる.ここで,x は実数部,jy は虚数部といわれる.一方,複素数 z は,図3.1からつぎのような極形式で表すことができる.

$$z = r(\cos\theta + j\sin\theta), \quad r = |z| = \sqrt{x^2 + y^2}, \quad \theta = \arg z = \tan^{-1}\frac{y}{x} \tag{3.2}$$

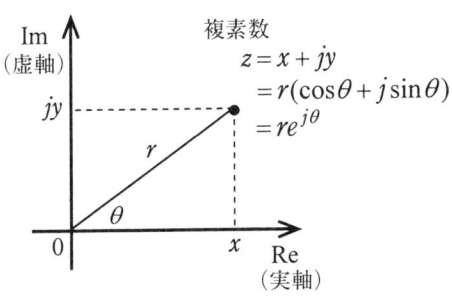

図3.1 複素数

ここで，rは**絶対値**（absolute value），θは**偏角**（argument）という．さらに次式

$$\boxed{e^{j\theta} = \cos\theta + j\sin\theta} \quad \text{[オイラー（Euler）の公式]} \tag{3.3}$$

を用いると，複素数zの極形式表現は次のようにも書くことができる．

$$z = re^{j\theta} \tag{3.4}$$

(3.4)式を用いると，複素数のかけ算，割り算が次のように簡単にできる．

$$z_1 \cdot z_2 = r_1 e^{j\theta_1} \cdot r_2 e^{j\theta_2} = r_1 r_2 e^{j(\theta_1 + \theta_2)} \tag{3.5}$$

$$\frac{z_1}{z_2} = \frac{r_1 e^{j\theta_1}}{r_2 e^{j\theta_2}} = \frac{r_1}{r_2} e^{j(\theta_1 - \theta_2)} \tag{3.6}$$

複素数の概念を用いると，いろいろな方面で威力を発揮するが，例として(3.5)式を用いて三角関数の公式を導いてみる．

$$\begin{aligned}
e^{j\theta_1} \cdot e^{j\theta_2} &= (\cos\theta_1 + j\sin\theta_1) \cdot (\cos\theta_2 + j\sin\theta_2) \\
&= (\cos\theta_1\cos\theta_2 - \sin\theta_1\sin\theta_2) + j(\sin\theta_1\cos\theta_2 + \cos\theta_1\sin\theta_2) \\
&= e^{j(\theta_1+\theta_2)} = \cos(\theta_1+\theta_2) + j\sin(\theta_1+\theta_2)
\end{aligned}$$

$$\therefore \begin{cases} \cos(\theta_1+\theta_2) = \cos\theta_1\cos\theta_2 - \sin\theta_1\sin\theta_2 \\ \sin(\theta_1+\theta_2) = \sin\theta_1\cos\theta_2 + \cos\theta_1\sin\theta_2 \end{cases} \tag{3.7}$$

(2) ラプラス変換の定義

$t \geqq 0$で定義される時間関数$f(t)$に対して，次式

$$\boxed{F(s) = \int_0^\infty f(t) e^{-st} dt} \tag{3.8}$$

で定義される複素数sの関数$F(s)$を**ラプラス変換**（Lapalce transform）という．

[演習3.1] 次の関数のラプラス変換を求めよ．
(a) $f(t) = 1$ (b) $f(t) = e^{-at}$ (c) $f(t) = \sin\omega t$ (d) $f(t) = \cos\omega t$
(e) $f(t) = t$ (f) $f(t) = t^2$

（解答）

(a) $F(s) = \int_0^\infty 1 \cdot e^{-st} dt = \left[\dfrac{1}{-s} e^{-st}\right]_0^\infty = \dfrac{1}{s}$

(b) $F(s) = \int_0^\infty e^{-at} \cdot e^{-st} dt = \int_0^\infty e^{-(a+s)t} dt = \left[\dfrac{1}{-(a+s)} e^{-(a+s)t}\right]_0^\infty = \dfrac{1}{s+a}$

(c) 上記(b)の結果を用い，$a = -j\omega$とおくと，

第3章 ラプラス変換と伝達関数

$$\int_0^\infty e^{j\omega t} \cdot e^{-st} dt = \frac{1}{s-j\omega} = \frac{1}{s-j\omega} \cdot \frac{s+j\omega}{s+j\omega} = \frac{s+j\omega}{s^2+\omega^2}$$

$$= \int_0^\infty e^{j\omega t} \cdot e^{-st} dt = \int_0^\infty \cos\omega t \cdot e^{-st} dt + j\int_0^\infty \sin\omega t \cdot e^{-st} dt$$

従って，虚数部を等しくおくと次式を得る．

$$\int_0^\infty \sin\omega t \cdot e^{-st} dt = \frac{\omega}{s^2+\omega^2}$$

(d) 上記 (c) の結果を用い，実数部を等しくおくと次式を得る．

$$\int_0^\infty \cos\omega t \cdot e^{-st} dt = \frac{s}{s^2+\omega^2}$$

(e) 次の部分積分の公式を用いる．

$$(uv)' = u'v + uv' \quad \text{から} \quad \int uv' = uv - \int u'v$$

従って，$u = t$，$v' = e^{-st}$ とおけば，$u' = 1$，$v = \dfrac{e^{-st}}{-s}$ であるから

$$F(s) = \int_0^\infty t \cdot e^{-st} dt = \left[t \cdot \frac{e^{-st}}{-s} \right]_0^\infty - \int_0^\infty \frac{e^{-st}}{-s} dt = 0 - \left[\frac{e^{-st}}{s^2} \right]_0^\infty = \frac{1}{s^2}$$

(f) 上記 (e) と同様に，$u = t^2$，$v' = e^{-st}$ とおけば，$u' = 2t$，$v = \dfrac{e^{-st}}{-s}$ であるから

$$F(s) = \int_0^\infty t^2 \cdot e^{-st} dt = \left[t^2 \cdot \frac{e^{-st}}{-s} \right]_0^\infty - \int_0^\infty 2t \frac{e^{-st}}{-s} dt = 0 + \frac{2}{s}\int_0^\infty t \cdot e^{-st} dt$$

となるが，この式の最後の項に (e) の結果を代入して次式を得る．

$$F(s) = \int_0^\infty t^2 \cdot e^{-st} dt = \frac{2}{s^3}$$

[演習 3.2] 次の関数のラプラス変換を求めよ．
(a) $f(t)$ の**時間微分** $df(t)/dt$ (b) $f(t)$ の 2 回微分 $d^2f(t)/dt^2$
(c) $f(t)$ の**時間積分** $\int_0^t f(\tau) d\tau$

(解答)
(a) $F(s) = \int_0^\infty f(t) e^{-st} dt$ とし，部分積分 $\int uv' = uv - \int u'v$ において $u = e^{-st}$，$v' = df(t)/dt$ とおけば，$u' = -se^{-st}$，$v = f(t)$ であるから

$$\int_0^\infty \frac{df(t)}{dt} e^{-st} dt = \left[f(t) e^{-st} \right]_0^\infty + s\int_0^\infty f(t) e^{-st} dt = sF(s) - f(0)$$

(b) $\dfrac{d^2 f(t)}{dt^2} = \dfrac{d}{dt}\left\{\dfrac{df(t)}{dt}\right\}$ であるから,$f_1(t) = \dfrac{df(t)}{dt}$,$F_1(s) = \int_0^\infty f_1(t) e^{-st} dt$
とおくと,上記 (a) の結果から $F_1(s) = sF(s) - f(0)$
これらから次式を得る.

$$\int_0^\infty \dfrac{d^2 f(t)}{dt^2} e^{-st} dt = \int_0^\infty \dfrac{df_1(t)}{dt} e^{-st} dt = sF_1(s) - f_1(0)$$
$$= s\{sF(s) - f(0)\} - f_1(0) = s^2 F(s) - sf(0) - \dot{f}(0)$$

なお,この手順を繰り返せば次の一般式が得られる.

$$\int_0^\infty \dfrac{d^n f(t)}{dt^n} e^{-st} dt = s^n F(s) - s^{n-1} f(0) - s^{n-2} \dot{f}(0) - \cdots - f^{(n-1)}(0)$$

ここで $\dot{f} = df/dt$ である.

(c) $F(s) = \int_0^\infty f(t) e^{-st} dt$ とし,部分積分 $\int uv' = uv - \int u'v$ において
$u = \int_0^t f(\tau) d\tau$,$v' = e^{-st}$ とおけば,$u' = f(t)$,$v = \dfrac{e^{-st}}{-s}$ であるから

$$\int_0^\infty \left(\int_0^t f(\tau) d\tau\right) e^{-st} dt = \left[\dfrac{e^{-st}}{-s} \int_0^t f(\tau) d\tau\right]_0^\infty + \dfrac{1}{s} \int_0^\infty f(t) e^{-st} dt = \dfrac{1}{s} F(s)$$

[演習 3.3] $f(t)$ のラプラス変換を $F(s)$ としたとき次の定理を証明せよ.
 (a) **推移定理**:$e^{-at} f(t)$ のラプラス変換は $F(s+a)$
 (b) **時間推移定理**:$f(t-a)$ のラプラス変換は $e^{-as} F(s)$

(解答)

(a) $\int_0^\infty e^{-at} f(t) e^{-st} dt = \int_0^\infty f(t) e^{-(s+a)t} dt$　　ここで,$s+a = s^*$ とおくと
$\int_0^\infty f(t) e^{-s^* t} dt = F(s^*) = F(s+a)$

(b) $\int_0^\infty f(t-a) e^{-st} dt = \int_0^\infty f(t-a) e^{-as} \cdot e^{-s(t-a)} dt$　　ここで,$t-a = t^*$ とおくと
$\int_0^\infty f(t-a) e^{-st} dt = e^{-as} \int_0^\infty f(t^*) e^{-st^*} dt^* = e^{-as} F(s)$

[演習 3.4] $f(t)$ のラプラス変換を $F(s)$ としたとき次を証明せよ.
 (a) **初期値の定理**:$\lim\limits_{s \to \infty} sF(s) = \lim\limits_{t \to 0} f(t)$
 (b) **最終値の定理**:$\lim\limits_{s \to 0} sF(s) = \lim\limits_{t \to \infty} f(t)$

(解答)

(a) 時間微分のラプラス変換 $\int_0^\infty \dfrac{df(t)}{dt} e^{-st} dt = sF(s) - f(0)$ を用いると,

第3章 ラプラス変換と伝達関数

$$\lim_{s\to\infty}\{sF(s)-f(0)\}=\lim_{s\to\infty}\int_0^\infty \frac{df(t)}{dt}e^{-st}dt=\int_0^\infty\left\{\lim_{s\to\infty}\frac{df(t)}{dt}e^{-st}\right\}dt=0$$

より，$\lim_{s\to\infty}sF(s)=\lim_{t\to 0}f(t)$ が得られる．

(b) $\lim_{s\to 0}sF(s)=\lim_{s\to 0}s\int_0^\infty f(t)e^{-st}dt$ であるから，部分積分 $\int uv'=uv-\int u'v$ において，$u=f(t)$，$v'=e^{-st}$ とおけば，$u'=\dot{f}(t)$，$v=\dfrac{e^{-st}}{-s}$ より

$$\lim_{s\to 0}sF(s)=\lim_{s\to 0}s\int_0^\infty f(t)e^{-st}dt=\lim_{s\to 0}s\left\{\left[f(t)\frac{e^{-st}}{-s}\right]_0^\infty-\int_0^\infty \dot{f}(t)\frac{e^{-st}}{-s}dt\right\}$$

$$=f(0)+\int_0^\infty\left\{\lim_{s\to 0}\dot{f}(t)e^{-st}\right\}dt=f(0)+\int_0^\infty \dot{f}(t)dt=\lim_{t\to\infty}f(t)$$

(3) ラプラス変換表

以上のラプラス変換の関係式をまとめると次表のようになる．

表3.1　ラプラス変換表

時間関数 $f(t)$	ラプラス変換 $F(s)$
1（ステップ関数）	$\dfrac{1}{s}$
e^{-at}	$\dfrac{1}{s+a}$
$\sin\omega t$	$\dfrac{\omega}{s^2+\omega^2}$
$\cos\omega t$	$\dfrac{s}{s^2+\omega^2}$
t	$\dfrac{1}{s^2}$
t^2	$\dfrac{2}{s^3}$
時間微分 $\dfrac{df(t)}{dt}$	$sF(s)-f(0)$
2回微分 $\dfrac{d^2f(t)}{dt^2}$	$s^2F(s)-sf(0)-\dot{f}(0)$
時間積分 $\int_0^t f(\tau)d\tau$	$\dfrac{1}{s}F(s)$
推移定理 $e^{-at}f(t)$	$F(s+a)$
時間推移定理 $f(t-a)$	$e^{-as}F(s)$
初期値の定理 $\lim_{t\to 0}f(t)$	$\lim_{s\to\infty}sF(s)$
最終値の定理 $\lim_{t\to\infty}f(t)$	$\lim_{s\to 0}sF(s)$

表 3.1 に示したラプラス変換表は，制御工学の一般常識として知っておく必要があるが，実際の制御系設計に利用されるのは表 3.2 に示すものであり，本書でもこの範囲を知っていれば十分である．以降は表 3.2 のラプラス変換を用いて実際の制御工学の例題を解いていく．

表 3.2 本書で用いるラプラス変換表

時間関数 $f(t)$	ラプラス変換 $F(s)$
時間微分 $\dfrac{df(t)}{dt}$	$sF(s)$，ただし $f(0)=0$
時間積分 $\int_0^t f(\tau)d\tau$	$\dfrac{1}{s}F(s)$
初期値の定理 $\lim\limits_{t \to 0} f(t)$	$\lim\limits_{s \to \infty} sF(s)$
最終値の定理 $\lim\limits_{t \to \infty} f(t)$	$\lim\limits_{s \to 0} sF(s)$

3.2 伝 達 関 数

(1) 1階微分方程式から1次方程式への変換

制御系が次のような時間領域における1階の連立微分方程式で表される場合を考える．簡単のため状態変数が2個とすると，次式のように表される．

$$\begin{cases} \dot{x}_1(t) = a_{11}x_1(t) + a_{12}x_2(t) + b_1 u(t) \\ \dot{x}_2(t) = a_{21}x_1(t) + a_{22}x_2(t) + b_2 u(t) \end{cases} \quad (3.9)$$

ここで，簡単のため $\dot{x} = dx/dt$ と略記している．(3.9)式は線形の微分方程式であるので解析的に解を得ることは可能であるが，時間領域での解を求めることは複雑である．そこで，ラプラス変換という手法を用いて現実の時間空間から仮想の空間（複素数空間）であるラプラス空間に持ち込むと，連立微分方程式が単なる連立1次方程式に変換でき，その取り扱いが格段に容易になる．

時間関数 $x(t)$ のラプラス変換 $X(s)$ は 3.1 節で述べたように

$$X(s) = \int_0^\infty x(t) e^{-st} dt \quad (3.10)$$

なる複素数 s の関数として与えられる．(3.10)式は，時間領域の関数を $t=0 \sim \infty$ まで時間積分することで時間領域での情報を凝縮し，複素数 s で表されるラプラス空間に持ち込む一種の変換演算子である．いま $x(t)$ のラプラス変換を

$X(s)$ とし，$x(t)$ の初期条件を 0 と仮定すると，時間領域での微分および積分が表 3.2 から次のように表される．

$$\boxed{\begin{aligned}&\text{微分 } \dot{x}(t) \text{ のラプラス変換} &&\Rightarrow sX(s)\\&\text{積分} \int x(t)dt \text{ のラプラス変換} &&\Rightarrow \frac{1}{s}X(s)\end{aligned}}\qquad\begin{aligned}(3.11)\\(3.12)\end{aligned}$$

すなわち，時間領域における微分はラプラス空間では単に複素数 s を掛ける，また積分の場合は s で割る，という非常に簡単な結果が得られる．従って，(3.11)式の結果を用いて (3.9)式の連立微分方程式をラプラス変換すると，次のような単純な連立 1 次方程式が得られる．

$$\begin{cases} sX_1(s) = a_{11}X_1(s) + a_{12}X_2(s) + b_1U(s) \\ sX_2(s) = a_{21}X_1(s) + a_{22}X_2(s) + b_2U(s) \end{cases} \qquad (3.13)$$

ただし，$U(s)$ は $u(t)$ のラプラス変換である．この式を変形し行列で表すと

$$\begin{bmatrix} s-a_{11} & -a_{12} \\ -a_{21} & s-a_{22} \end{bmatrix}\begin{bmatrix} X_1(s) \\ X_2(s) \end{bmatrix} = \begin{bmatrix} b_1 \\ b_2 \end{bmatrix}U(s) \qquad (3.14)$$

となる．この式は連立 1 次方程式であるから，$X_1/U(s)$ および $X_2/U(s)$ が簡単に次のように得られる．

$$\frac{X_1(s)}{U(s)} = G_1(s) = \frac{\begin{vmatrix} b_1 & -a_{12} \\ b_2 & s-a_{22} \end{vmatrix}}{\begin{vmatrix} s-a_{11} & -a_{12} \\ -a_{21} & s-a_{22} \end{vmatrix}}, \quad \frac{X_2(s)}{U(s)} = G_2(s) = \frac{\begin{vmatrix} s-a_{11} & b_1 \\ -a_{21} & b_2 \end{vmatrix}}{\begin{vmatrix} s-a_{11} & -a_{12} \\ -a_{21} & s-a_{22} \end{vmatrix}} \qquad (3.15)$$

この式の $G_1(s)$ および $G_2(s)$ は，初期条件が全て 0 の場合の，入力に対する出力のラプラス変換（s の関数）の比であり**伝達関数**（transfer function）といわれる．この例でわかるように，ラプラス変換を用いると (3.9)式の連立微分方程式が，(3.15)式に示すように状態変数が複素数 s の関数である伝達関数という形で解けたことになる．このケースでは，伝達関数の分母は s の 2 次方程式，分子はいずれも s の 1 次方程式である．なお，分母は両者共通である．時間空間における (3.9)式の連立微分方程式の場合は，左辺の時間微分項 $\dot{x}_i$ と右辺の状態量 x_i とは異なるものであり，時間領域で解くことは手間がかかる．これに対して，ラプラス空間上では，左辺の時間微分項 sX_i と右辺の状態量 X_i における X_i は同じものとなり，括弧でまとめることが可能となる．その結果，単なる連立 1 次方程式となり容易にラプラス空間上の解 X_i が s の関数と

して得られるわけである.

> [演習3.5] 図のような振動系の運動方程式を導き,ラプラス変換し,強制力 $f(t)$ に対する伝達関数を求めよ.ここで,x は変位,m は質量,k はばね定数,c は速度に比例した力を発生するダッシュポットである.

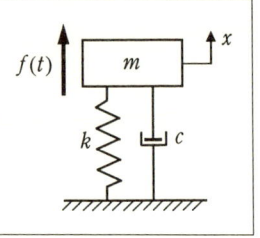

(解答)

ニュートンの第2法則から,運動方程式は次式となる.

$$m\ddot{x} = -kx - c\dot{x} + f(t) \tag{1}$$

ここで,$\dot{x} = dx/dt$,$\ddot{x} = d^2x/dt^2$ と略記している.

いま $x(t)$ および $f(t)$ のラプラス変換を $X(s)$ および $F(s)$ とすると,(1)式はラプラス変換して次のように表される.

$$ms^2 X(s) = -kX(s) - csX(s) + F(s) \tag{2}$$

$$\therefore (ms^2 + cs + k)X(s) = F(s) \tag{3}$$

この式から,入力 $F(s)$ に対する出力 $X(s)$ の比を求めると,伝達関数が次のように得られる.

$$\frac{X(s)}{F(s)} = \frac{1}{ms^2 + cs + k} \tag{4}$$

なお,(4)式の伝達関数は分母が s の2次式であり,**2次遅れ要素**といわれる.(4)式を変形すると次のようになる.

$$\frac{X(s)}{F(s)} = \frac{1}{k} \cdot \frac{(k/m)}{s^2 + (c/m)s + (k/m)} = \frac{1}{k} \cdot \frac{\omega_n^2}{s^2 + 2\zeta\omega_n s + \omega_n^2} \tag{5}$$

この式の右辺の $(1/k)$ を除いた部分の次式

$$\frac{\omega_n^2}{s^2 + 2\zeta\omega_n s + \omega_n^2} \tag{6}$$

は,**2次標準形**といわれる.ここで,ζ は**減衰比**(damping ratio),ω_n は**固有角振動数**(undamped natural frequency)(rad/s)である.本ケースでは次の関係がある.

$$2\zeta\omega_n = c/m, \quad \omega_n^2 = k/m \tag{7}$$

(2) 2階以上の微分方程式から1次方程式への変換

制御システムが1階の非微分方程式の場合には，上記例のように簡単に伝達関数を求めることができた．ここでは制御システムが2階以上の微分方程式で表される場合についての取り扱い方法について述べる．ここでは，次式の2階連立微分方程式を考える．

$$\begin{cases} \ddot{x}_1(t) = a_{11}x_1(t) + a_{12}x_2(t) + c_{11}\dot{x}_1(t) + c_{12}\dot{x}_2 + b_1z_1(t) \\ \ddot{x}_2(t) = a_{21}x_1(t) + a_{22}x_2(t) + c_{21}\dot{x}_1(t) + c_{22}\dot{x}_2(t) + b_2z_1(t) \end{cases} \tag{3.16}$$

ここで，$z_1(t)$ はコントロール用入力変数である．フィードバック制御系においては，フィードバックされる情報がこの $z_1(t)$ に集められ，最終的にシステムへのコントロール量として入力される．なお，ここで通常の制御工学で用いられる入力変数を $u(t)$ でなく $z_1(t)$ を用いるのは，後述する KMAP で計算する際に用いられるためである．

2階以上の連立微分方程式に対しては，まず1階の微分方程式に変形した後，上記 (1) の方法で連立1次方程式に変換する．そのため次の状態変数を導入する．

$$x_3 = \dot{x}_1, \quad x_4 = \dot{x}_2 \tag{3.17}$$

この式を用いて (3.16)式を書き直すと次式の1階の連立微分方程式が得られる．

$$\begin{cases} \dot{x}_1(t) = x_3(t) \\ \dot{x}_2(t) = x_4(t) \\ \dot{x}_3(t) = a_{11}x_1(t) + a_{12}x_2(t) + c_{11}x_3(t) + c_{12}x_4(t) + b_1z_1(t) \\ \dot{x}_4(t) = a_{21}x_1(t) + a_{22}x_2(t) + c_{21}x_3(t) + c_{22}x_4(t) + b_2z_1(t) \end{cases} \tag{3.18}$$

この式を行列で表すと次式となる．

$$\begin{bmatrix} \dot{x}_1(t) \\ \dot{x}_2(t) \\ \dot{x}_3(t) \\ \dot{x}_4(t) \end{bmatrix} = \begin{bmatrix} 0 & 0 & 1 & 0 \\ 0 & 0 & 0 & 1 \\ a_{11} & a_{12} & c_{11} & c_{12} \\ a_{21} & a_{22} & c_{21} & c_{22} \end{bmatrix} \cdot \begin{bmatrix} x_1(t) \\ x_2(t) \\ x_3(t) \\ x_4(t) \end{bmatrix} + \begin{bmatrix} 0 & 0 & 0 \\ 0 & 0 & 0 \\ b_1 & 0 & 0 \\ b_2 & 0 & 0 \end{bmatrix} \begin{bmatrix} z_1(t) \\ z_3(t) \\ z_5(t) \end{bmatrix} \tag{3.19}$$

ベクトル表示では次のように表される．

$$\boxed{\dot{x}(t) = A_p x(t) + B_2 z_u(t)} \tag{3.20}$$

ここで，$x(t)$ は**状態変数ベクトル**（state variable vector），$z_u(t)$ は**制御入力ベクトル**（control vector），A_p は**システム状態行列**（system state matrix），B_2

は**入力行列**（control input matrix）であり次式である．

$$x(t)=\begin{bmatrix} x_1(t) \\ x_2(t) \\ x_3(t) \\ x_4(t) \end{bmatrix},\ z_u(t)=\begin{bmatrix} z_1(t) \\ z_3(t) \\ z_5(t) \end{bmatrix},\ A_p=\begin{bmatrix} 0 & 0 & 1 & 0 \\ 0 & 0 & 0 & 1 \\ a_{11} & a_{12} & c_{11} & c_{12} \\ a_{21} & a_{22} & c_{21} & c_{22} \end{bmatrix},\ B_2=\begin{bmatrix} 0 & 0 & 0 \\ 0 & 0 & 0 \\ b_1 & 0 & 0 \\ b_2 & 0 & 0 \end{bmatrix} \quad (3.21)$$

(3.19)式あるいは(3.20)式は，いわゆる**現代制御理論**で用いられる**状態方程式**（state equation）である．ここで，入力ベクトル $z_u(t)$ の要素が3個，また入力行列 B_2 の要素が3列となっているのは，KMAPによって計算する際に入力変数として3個準備されていることによる．

次に，状態方程式から伝達関数に変換する．(3.20)式をラプラス変換すると

$$sX(s) = A_p X(s) + B_2 Z_u(s)$$
$$\therefore X(s) = (sI - A_p)^{-1} B_2 Z_u(s) \quad (3.22)$$

となる．ここで，I は単位行列である．(3.22)式から，**伝達関数行列**（transfer function matrix）$G(s)$ が次式で得られる．

$$\boxed{G(s) = (sI - A_p)^{-1} B_2} \quad (3.23)$$

[演習3.6] 図のような振動系の運動方程式を導き，状態方程式に変換し，A_p 行列と B_2 行列を求めよ．ただし，x_1 および x_2 は変位，m_1 および m_2 は質量，k_1 および k_2 はばね定数，$f_1(t)$ は強制力である．

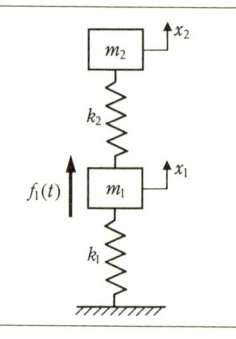

(解答)

ニュートンの第2法則から，運動方程式は次式となる．

$$\begin{cases} m_1 \ddot{x}_1 = -k_1 x_1 - k_2(x_1 - x_2) + f_1(t) \\ m_2 \ddot{x}_2 = -k_2(x_2 - x_1) \end{cases} \quad (1)$$

これは2階の微分方程式であるから，次の状態変数を導入する．

$$x_3 = \dot{x}_1,\ x_4 = \dot{x}_2 \quad (2)$$

これを利用すると，(1)式は次のように変形できる．

$$\begin{cases} \dot{x}_1 = x_3 \\ \dot{x}_2 = x_4 \\ \dot{x}_3 = -\dfrac{k_1+k_2}{m_1}x_1 + \dfrac{k_2}{m_1}x_2 + \dfrac{1}{m_1}f_1(t) \\ \dot{x}_4 = \dfrac{k_2}{m_2}x_1 - \dfrac{k_2}{m_2}x_2 \end{cases} \tag{3}$$

外力 $f(t)$ をコントロール入力 $z_1(t)$ として，行列表示では次のように表される．

$$\begin{bmatrix} \dot{x}_1(t) \\ \dot{x}_2(t) \\ \dot{x}_3(t) \\ \dot{x}_4(t) \end{bmatrix} = \begin{bmatrix} 0 & 0 & 1 & 0 \\ 0 & 0 & 0 & 1 \\ -\dfrac{k_1+k_2}{m_1} & \dfrac{k_2}{m_1} & 0 & 0 \\ \dfrac{k_2}{m_2} & -\dfrac{k_2}{m_2} & 0 & 0 \end{bmatrix} \cdot \begin{bmatrix} x_1(t) \\ x_2(t) \\ x_3(t) \\ x_4(t) \end{bmatrix} + \begin{bmatrix} 0 \\ 0 \\ \dfrac{1}{m_1} \\ 0 \end{bmatrix} z_1(t) \tag{4}$$

従って，A 行列および B_2 行列が次のように得られる．

$$A_p = \begin{bmatrix} 0 & 0 & 1 & 0 \\ 0 & 0 & 0 & 1 \\ -\dfrac{k_1+k_2}{m_1} & \dfrac{k_2}{m_1} & 0 & 0 \\ \dfrac{k_2}{m_2} & -\dfrac{k_2}{m_2} & 0 & 0 \end{bmatrix}, \quad B_2 = \begin{bmatrix} 0 & 0 & 0 \\ 0 & 0 & 0 \\ \dfrac{1}{m_1} & 0 & 0 \\ 0 & 0 & 0 \end{bmatrix} \tag{5}$$

3.3　ラプラス空間上での特性解析

(3.9)式の微分方程式から得られた (3.15)式の伝達関数において，時間領域での入力 $u(t)$ を決めるとラプラス変換した $U(s)$ が決まり，このときの状態変数 X_1 および X_2 は伝達関数に入力 U を掛けることで次のように得られる．

$$X_1(s) = G_1(s) \cdot U(s), \quad X_2(s) = G_2(s) \cdot U(s) \tag{3.22}$$

こうして求められた s の関数の状態変数 X_1 および X_2 がどのような特性であるかを知る方法としては，時間空間にラプラス逆変換して $x_1(t)$ および $x_2(t)$ を求める方法と，s の関数のまま解析する方法とがある．

逆変換して時間応答を求める方法は複雑な作業であり，単に時間応答のみを求めるならばわざわざ状態変数の時間応答解析式を求める必要はなく，連立微分方程式から直接シミュレーションを実施するのが一般的である．また時間応

答を眺めていてもなぜそのような特性になっているのかを理解するのは難しいため，時間応答解析式を求める利点はあまりない．実際の設計現場でもラプラス逆変換は使っていない．

これに対して，sの関数のまま解析する方法は，制御系の設計結果をsの関数として得ることで制御則がフィルタという形で実際に構成できること，また航空機の設計基準のように特性がsの関数として与えられる例もあることから，(3.22)式のsの関数のまま直接的に特性を把握するのが一般的である．図3.2に，以上述べた時間空間とラプラス空間上の取り扱いの関係について対比して示す．

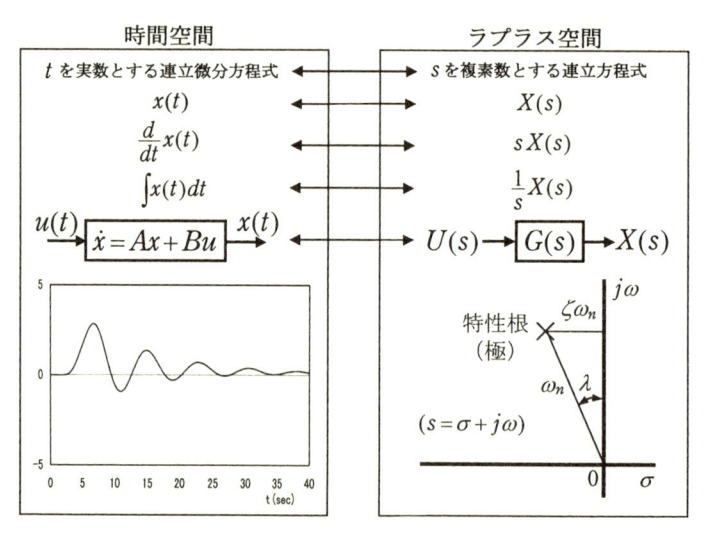

図3.2 時間空間とラプラス空間

ラプラス空間上で直接制御系の特性解析する具体的な方法については，次章以降で述べる．

第 4 章　制御系の極と零点

　本章では，制御系の性能に重要な役割を演ずる極と零点について述べる．極はそのシステムの特性を決定づけるもので特性根ともいわれる．零点はそのシステムの応答性を左右するものである．

4.1　極 と 零 点

　s の関数として得られた関数 $F(s)$ が次式で与えられた場合を考える．

$$F(s) = \frac{Q(s)}{P(s)} = K \frac{s^m + a_1 s^{m-1} + \cdots + a_m}{s^n + b_1 s^{n-1} + \cdots + b_n} \tag{4.1}$$

ここで，分母を零とおいた式

$$P(s) = s^n + b_1 s^{n-1} + \cdots + b_m = 0 \tag{4.2}$$

は**特性方程式**（characteristic equation）と呼ばれる．この特性方程式は s に関する n 次の高次方程式であるから解が n 個の s の値として得られる．この s を**特性根**または**極**（Ploe）という．極を $s = p_1, p_2, \cdots, p_n$ と書くと

$$P(s) = (s - p_1)(s - p_2) \cdots (s - p_n) \tag{4.3}$$

と表される．
　一方，(4.1)式の分子を零とおいた式

$$Q(s) = s^m + a_1 s^{m-1} + \cdots + a_m = 0 \tag{4.4}$$

の解は**零点**（Zero）という．この零点を $s = q_1, q_2, \cdots, q_m$ と書くと

$$Q(s) = (s - q_1)(s - q_2) \cdots (s - q_m) \tag{4.5}$$

と表される．従って，(4.3)式および(4.5)式を用いると(4.1)式は次のように書くことができる．

$$F(s) = \frac{Q(s)}{P(s)} = K \frac{(s-q_1)(s-q_2)\cdots(s-q_m)}{(s-p_1)(s-p_2)\cdots(s-p_n)} \quad (4.6)$$

次に，図4.1に示すラプラス平面を考える．これは複素数 $s = \sigma + j\omega$ を横軸に実数部 σ，縦軸に虚数部 $j\omega$ とした平面であり，一つの複素数が一つの点としてプロットされる．(4.6)式の極および零点をラプラス平面上にプロットする場合，図4.1のように極を×印，零点を〇印で表す．なお，極および零点は一般的に複素数であるが，虚数部が零であれば実数となり，ラプラス平面上の横軸上にプロットされる．また，極および零点が複素数の場合には，必ず $s_{k1} = \sigma_k + j\omega_k$ と $s_{k2} = \sigma_k - j\omega_k$ の一対の組み合わせとなり，図4.1のラプラス平面上において横軸に関して上下対称な配置となる．従って，極・零点の配置を知るためには横軸の上側のみのプロットで十分である．

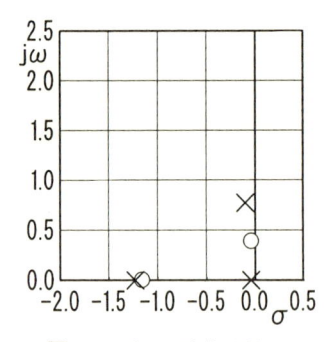

図4.1 極・零点配置図

4.2 極・零点と応答特性との関係

(4.6)式で表された次の関数 $F(s)$ の応答特性を考える．

$$F(s) = \frac{Q(s)}{P(s)} = K \frac{(s-q_1)(s-q_2)\cdots(s-q_m)}{(s-p_1)(s-p_2)\cdots(s-p_n)} \quad (4.7)$$

この式を部分分数に展開すると次式のようになる．

$$F(s) = \frac{k_1}{s-p_1} + \frac{k_2}{s-p_2} + \cdots + \frac{k_n}{s-p_n} \quad (4.8)$$

これをラプラス逆変換すると，時間空間での $f(t)$ が次のように表される．

$$f(t) = k_1 e^{p_1 t} + k_2 e^{p_2 t} + \cdots + k_n e^{p_n t} \quad (4.9)$$

すなわち，応答 $f(t)$ は極 $s=p_1, p_2, \cdots, p_n$ による指数関数応答の線形和で表される．ここで，例えば p_1 と p_2 が一対の複素数

$$p_1 = \sigma_1 + j\omega_1, \quad p_2 = \sigma_1 - j\omega_1 \tag{4.10}$$

でその他の極は実数と仮定する．このとき，(4.9)式の係数 k_1 および k_2 は複素数で，次式で表される．

$$k_1 = re^{j\phi}, \quad k_2 = re^{-j\phi} \tag{4.11}$$

(4.10)式および (4.11)式を用いると，(4.9)式右辺の第1項と第2項は次のように表される．

$$\begin{aligned} k_1 e^{p_1 t} + k_2 e^{p_2 t} &= re^{j\phi} \cdot e^{(\sigma_1 + j\omega_1)t} + re^{-j\phi} \cdot e^{(\sigma_1 - j\omega_1)t} \\ &= re^{\sigma_1 t} \cdot \{e^{j(\omega_1 t + \phi)} + e^{-j(\omega_1 t + \phi)}\} = 2re^{\sigma_1 t} \cdot \cos(\omega_1 t + \phi) \end{aligned} \tag{4.12}$$

この式を (4.9)式に代入すると，$f(t)$ が次のように得られる．

$$\boxed{f(t) = 2re^{\sigma_1 t} \cdot \cos(\omega_1 t + \phi) + k_3 e^{p_3 t} + \cdots + k_n e^{p_n t}} \tag{4.13}$$

ここで，$F(s)$ の極は一対の複素数 $s=\sigma_1 \pm j\omega_1$，その他は実数 $s=p_3, \cdots, p_n$ である．従って，$f(t)$ の応答が安定であるためには，$\sigma_1, p_3, \cdots, p_n$ が全て負でなければならない．それは，σ_1 が正であると振動の振幅が増大してしまい，また，$p_3, \cdots, p_n$ が一つでも正であると指数関数的に発散してしまうからである．すわなち，(4.13)式の $f(t)$ の応答が安定であるためには，(4.7)式の $F(s)$ の全ての極が図4.2のラプラス平面の左半面内にあることが必要である．

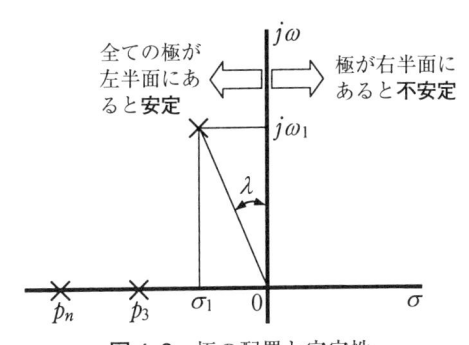

図4.2 極の配置と安定性

$$\begin{aligned}
&s = \sigma_1 \pm j\omega_1 &&: \text{複素極} \\
&\omega_n = \sqrt{\sigma_1^2 + \omega_1^2} &&: \text{固有角振動数 (rad/s)} \\
&\omega_1 = \omega_n\sqrt{1-\zeta^2} &&: \text{減衰固有角振動数 (rad/s)} \\
&\zeta = \sin\lambda = \frac{-\sigma_1/\omega_1}{\sqrt{1+(\sigma_1/\omega_1)^2}} &&: \text{減衰比} \\
&P = \frac{2\pi}{\omega_1} &&: \text{周期 (sec)}
\end{aligned} \qquad (4.14)$$

このように,$f(t)$の応答が安定であるかどうかは,逆変換でわざわざ$f(t)$を求めなくても$F(s)$の極を求めれば判断可能である.また,一対の複素数の極は一つの振動モードとなるが,その振動の振動数,減衰率,周期は複素極の配置から(4.14)式のように簡単に得られる.

[演習 4.1]
次の2次遅れ要素の極の位置とステップ応答を求めよ.

① $\dfrac{10^2}{s^2 + 2(0.7)(10)s + 10^2}$, ② $\dfrac{10^2}{s^2 + 2(0.3)(10)s + 10^2}$

(解答)

KMAPで計算する場合,ケース①のインプットデータは次のようになる.(このインプットデータの作り方については,第10章を参照)

```
30   //(2 次遅れ)
31   Z6=U1*G;                        0.1000E+01
32   Z1={G2^2/[G1G2]}Z6X2X3;         0.7000E+00
33                                   0.1000E+02
34   //(この Z1 がコントロール入力)
39   R6=Z1;    (Y4)
42   Z191=Z1*G;                      0.1000E+01
43   Z192=Z6*G;                      0.1000E+01
```

(このデータの全体は EIGE.W318.SEIGYO4.DAT(2次遅れ形))

第4章 制御系の極と零点

また,ケース②は次のようになる.

```
30   //(2次遅れ)
31   Z6=U1*G;                       0.1000E+01
32   Z1=[G2^2/[G1G2]]Z6X2X3;        0.3000E+00
33                                  0.1000E+02
34   //(このZ1がコントロール入力)
39   R6=Z1; (Y4)
42   Z191=Z1*G;                     0.1000E+01
43   Z192=Z6*G;                     0.1000E+01
```

(データの全体は EIGE.W318.SEIGYO25.DAT(2次遅れ形))

KMAPによる解析結果を以下に示す.

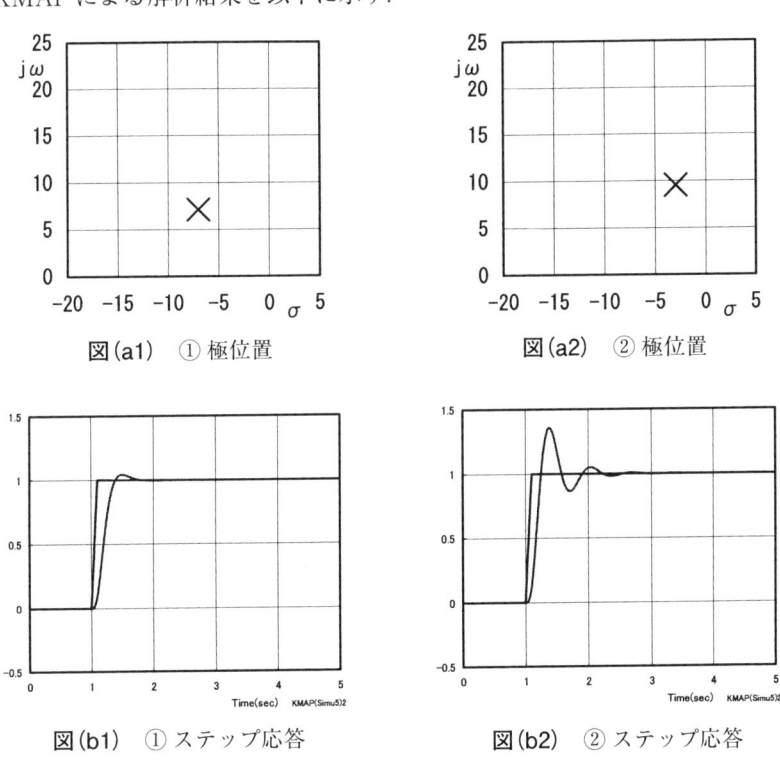

図(a1)　① 極位置　　　　　　　　図(a2)　② 極位置

図(b1)　① ステップ応答　　　　　図(b2)　② ステップ応答

第5章 フィードバック制御

 制御するとは，フィードバック制御を行うことと言い換えても良い．現在の状態を知って，その状態を目標値に一致させることが制御系の基本的な構造である．本章では，フィードバック制御によってシステムにどのような変化をもたらすのか，その制御構造について述べる．

5.1 フィードバック制御の構造

 航空機の運動を例にとると，機体固有の運動特性は必ずしも安定性が十分とはいえず，多くの機体で図5.1に示すフィードバック制御によって良好な運動特性を確保している．入力 u_c はラダー（方向舵）であり，出力 r は機体運動の状態変数の一つであるヨー角速度（機首を右に振る角速度）で，これに倍率（ゲイン）をかけて入力部に負の値で加える．フィードバックしない場合の機体固有の応答特性を図5.2に示すが，応答は振動的で減衰も弱いことがわかる．このように良好でない応答特性を改善するために，通常図5.1のようなフィードバック制御を行うが，その結果システムにどのような変化をもたらすのかを考察してみよう．

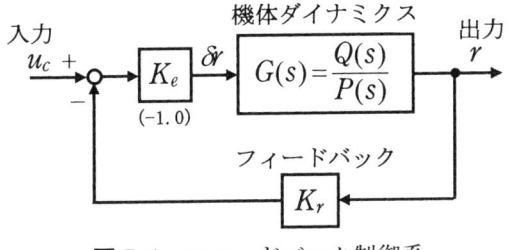

図5.1 フィードバック制御系

図 5.2 ラダー操舵応答（機体固有）

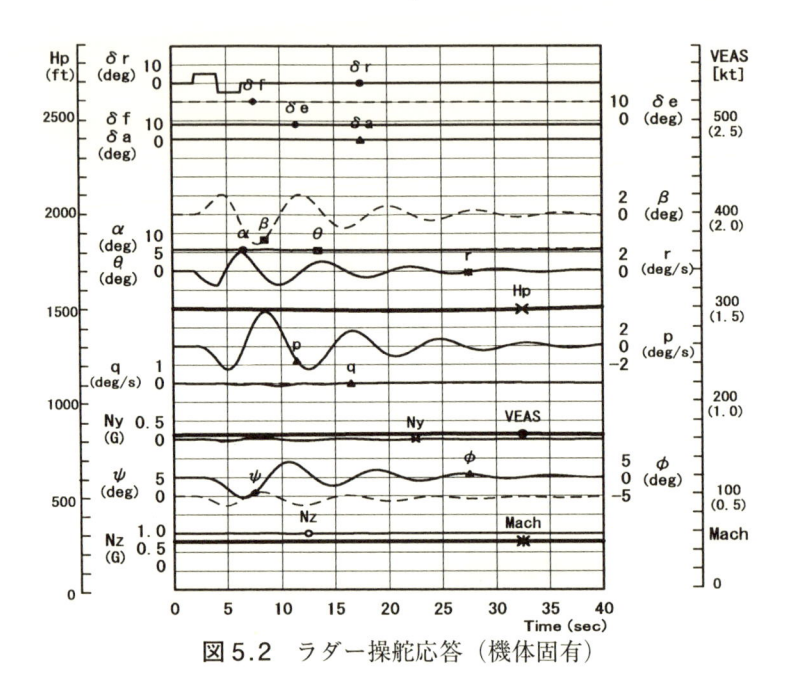

図 5.1 のフィードバック制御系から次の関係式が得られる．

$$\delta r = K_e(u_c - K_r r), \quad r = G(s)\delta r \tag{5.1}$$

この第1式を第2式に代入すると

$$r = G(s)\delta r = G(s)K_e(u_c - K_r r) = G(s)K_e u_c - G(s)K_e K_r r$$

となるが，さらに整理すると

$$r\{1 + K_e G(s) K_r\} = K_e G(s) u_c$$

となる．これから，入力 u_c に対する出力 r の応答が次のように得られる．

$$\boxed{\frac{r}{u_c} = \frac{K_e G(s)}{1 + K_r K_e G(s)}} \tag{5.2}$$

(5.2)式から，フィードバック制御系（**閉ループ制御系**という）の入力に対する出力の伝達関数は次のように表現される．

第5章 フィードバック制御

> 閉ループ制御系の伝達関数：
> 　分子＝フィードバックを切った場合の伝達関数 $K_e G(s)$
> 　分母＝$1+W(s)$
> 　［ここで，$W(s)$は一巡伝達関数　$W(s)=K_r K_e G(s)$］
(5.3)

なお，**一巡伝達関数**（open loop transfer function）$W(s)$は，(5.3)式のようにフィードバックを含んだループを一巡したときに関連する関数を全てかけたものである．

次に，(5.2)式の閉ループ制御系の極（特性根）を求めよう．伝達関数の特性方程式は分母を零とおいて

$$1 + W(s) = 1 + K_r K_e G(s) = 1 + K_r K_e \frac{Q(s)}{P(s)} = 0 \tag{5.4}$$

である．ここで，$P(s)$は機体固有の極，$Q(s)$は零点である．(5.4)式を変形すると，特性方程式は次式で与えられる．

$$\boxed{P(s) + K_r K_e Q(s) = 0} \tag{5.5}$$

この式をsに関して解くと，閉ループ制御系の極が得られる．(5.5)式で，フィードバック前の機体固有の極は，$K_r = 0$とした場合，すなわち$P(s) = 0$の根である．これに対して，フィードバック（ゲインK_r）を施した場合の極は，零点$Q(s)$の要素が加わり，機体固有の極（$P(s) = 0$）から零点の方に移動するわけである．

5.2　フィードバックの効果例

さて，実際にK_rを与えた場合に，極がフィードバックによって変化した結果を図5.3に示す．変化前の機体固有の極は図4.1に示したものである．フィードバック前は複素極（振動根）の減衰比が小さかったが，フィードバックによって回復していることが確認できる．実際にシミュレーションした結果を図5.4に示すが，応答の減衰が良くなっていることがわかる．

図 5.3　$r\delta/r$ の極・零点

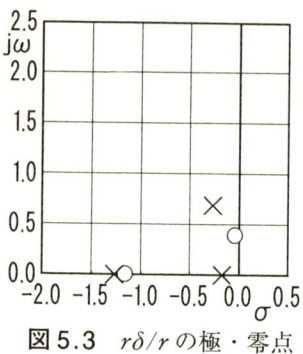

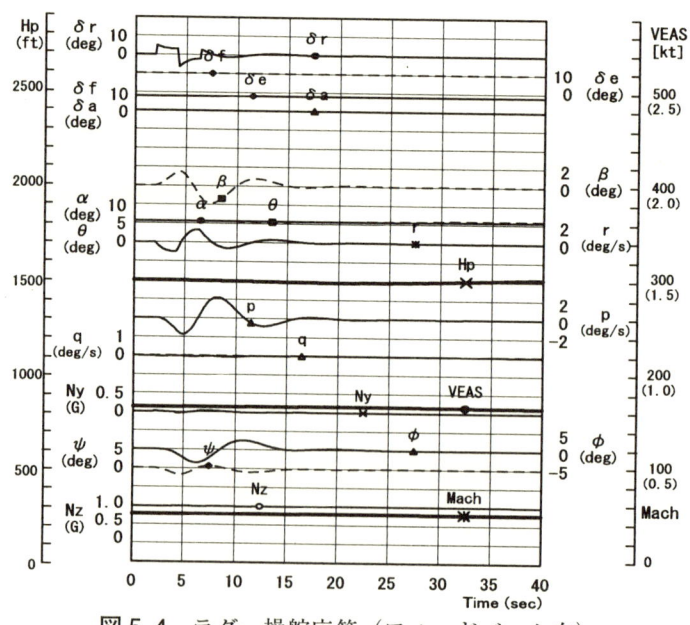

図 5.4　ラダー操舵応答（フィードバック有）

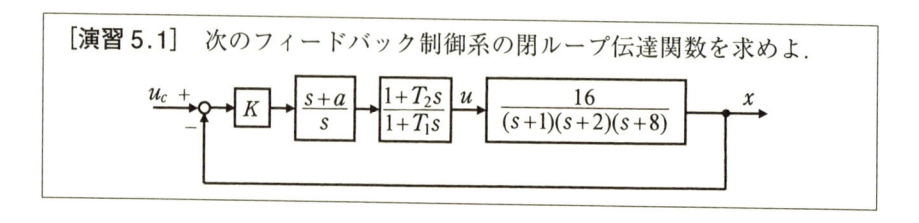

[演習 5.1]　次のフィードバック制御系の閉ループ伝達関数を求めよ．

$$K \cdot \frac{s+a}{s} \cdot \frac{1+T_2 s}{1+T_1 s} \cdot \frac{16}{(s+1)(s+2)(s+8)}$$

第5章　フィードバック制御

(解答)

一巡伝達関数 $W(s)$ は次式である.

$$W(s) = K \cdot \frac{s+\alpha}{s} \cdot \frac{1+T_2 s}{1+T_1 s} \cdot \frac{16}{(s+1)(s+2)(s+8)}$$

これを用いて，閉ループ伝達関数は (5.3)式から次のように得られる.

$$\frac{x}{u_c} = \frac{K \cdot \dfrac{s+\alpha}{s} \cdot \dfrac{1+T_2 s}{1+T_1 s} \cdot \dfrac{16}{(s+1)(s+2)(s+8)}}{1+K \cdot \dfrac{s+\alpha}{s} \cdot \dfrac{1+T_2 s}{1+T_1 s} \cdot \dfrac{16}{(s+1)(s+2)(s+8)}}$$

$$= \frac{16K(s+\alpha)(1+T_2 s)}{s(1+T_1 s)(s+1)(s+2)(s+8)+16K(s+\alpha)(1+T_2 s)}$$

この例でわかるように，比較的簡単な制御系においても，閉ループの伝達関数を手計算で導出するのは簡単ではない．しかも，この伝達関数の解析するのに直接電卓をたたいて答えを出すのは至難の業である．実際の設計現場では，制御系解析ツールをコンピュータ上で動かして解析するわけであるが，その制御系解析ツールの一つが本書のKMAPである．KMAPは入門者でも容易に使えるように，10章で使い方を詳しく解説している．通常市販の制御系解析ツールは高価であるが，KMAPは本書を購入した読者がダウンロードして使うことができる．しかも，実際の設計現場でも十分効果を発揮するツールである．次章以降では，演習を通して実際の問題をKMAPにより解いていく．ぜひ使い方をマスターして活用していただければ幸いである．

第6章 根 軌 跡

　制御系の特性は，伝達関数の分母を0とおいて解いた特性方程式の根（極）の配置によって決まる．制御系が安定であるためには，全ての極がラプラス平面の左半面上に配置される必要がある．システム固有の安定性が不足している場合には，フィードバックによって仕様を満足するように極を移動する必要がある．フィードバック構造を検討する際に，そのフィードバックによって仕様を満足できるかどうかは，本章の根軌跡を描いてみると明確になる．KMAPを用いると，根軌跡を容易に描くことができるので自分で電卓をたたく必要はない．それでは，本章で説明する根軌跡の性質を知らなくても良いではないかという疑問も生じよう．しかし，本章の根軌跡の性質を理解することは，フィードバック構造をどのようにするかの検討の際に，非常に威力を発揮する．本章の根軌跡の性質を理解した上で，KMAPにより根軌跡を描いてみてほしい．

6.1　通常の根軌跡

(1)　フィードバック制御系と根軌跡の関係

　図6.1のフィードバック制御系を考える．閉ループ制御系の伝達関数は(6.1)式のように与えられる．

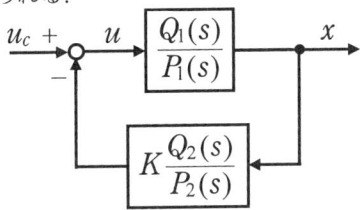

図6.1　フィードバック制御

$$\boxed{\dfrac{x}{u_c} = \dfrac{\dfrac{Q_1}{P_1}}{1+K\dfrac{Q_1}{P_1}\cdot\dfrac{Q_2}{P_2}} = \dfrac{Q_1 P_2}{P_1 P_2 + K Q_1 Q_2}} \qquad (6.1)$$

従って，閉ループ制御系の極（特性根）は，次式を s について解くことによって得られる．

$$P_1 P_2 + K Q_1 Q_2 = 0 \quad \text{（特性方程式）} \qquad (6.2)$$

また，零点は次式を解くことによって得られる．

$$Q_1 P_2 = 0 \quad \text{（閉ループの零点）} \qquad (6.3)$$

すなわち，零点は，フィードバック前の零点（$Q_1 = 0$）と，フィードバックループの極（$P_2 = 0$）で構成されることがわかる．

さて，閉ループの極は，(6.2)式で表される s に関する高次方程式を解くことによって得られるが，フィードバックゲインを高めていくと極がどの方向（安定方向か不安定方向か）に移動していくのかを知ることは設計上有用である．(6.2)式において，フィードバックゲイン K が零のときの極は

$$P_1 P_2 = 0 \quad \text{（一巡伝達関数の極）} \qquad (6.4)$$

である．すなわち，極はフィードバック前の極（$P_1 = 0$）と，フィードバックループの極（$P_2 = 0$）で構成されている．ただし，$P_2 = 0$ の根は零点にもなっているので，ゲイン K が零のときには極と零点でキャンセルしている．

次に，フィードバックゲイン K を上げていき，ゲインが無限大になると，(6.2)式から特性方程式は

$$Q_1 Q_2 = 0 \quad \text{（一巡伝達関数の零点）} \qquad (6.5)$$

となる．すなわち，極はフィードバック前の零点（$Q_1 = 0$）と，フィードバックループの零点（$Q_2 = 0$）に一致することがわかる．このように，フィードバックゲイン K を零から無限大まで変化させると，閉ループの極は一巡伝達関数の極から出発し，一巡伝達関数の零点に到達することがわかる．このときの極位置の軌跡を**根軌跡**（root locus）という．根軌跡が描けると，ゲインを増やした場合に閉ループ制御系がどのように不安定になっていくのか等，その特性が変化する様子を知ることができる．

根軌跡は KMAP を用いると，パソコンで容易に得ることができるが，詳細

に計算で求める前に，フィードバック前の極・零点とフィードバックループの極・零点の配置から，根軌跡の概略を知ることが可能である．フィードバック前の極・零点配置から根軌跡の概略を知ることは，実際の設計にあたって制御系の善し悪しを判断でき，また設計改善のヒントを得るための貴重なデータとなる．

(2) 角条件と絶対値条件

根軌跡は，(6.1)式から特性方程式

$$1 + K\frac{Q_1}{P_1} \cdot \frac{Q_2}{P_2} = 0 \tag{6.6}$$

を s について解いた特性根の軌跡である．いま，一巡伝達関数を

$$W(s) = K\frac{Q_1}{P_1} \cdot \frac{Q_2}{P_2} \tag{6.7}$$

とおくと，閉ループの極は (6.6) 式から

$$W(s) = -1 \tag{6.8}$$

を満足する s で与えられる．すなわち，

$$\angle W(s) = \pm k\pi \ (k=1,3,5,\cdots) \quad \textbf{（角条件；angle condition）} \tag{6.9}$$
$$|W(s)| = 1 \quad \textbf{（絶対値条件；magnitude condition）} \tag{6.10}$$

を満足する s が閉ループの極である．ここで，∠は複素数の偏角を表し，また | | は複素数の絶対値を表す．(6.9)式および (6.10)式が閉ループ極の条件式であることは次のようにわかる．(6.9)式の角条件は，一巡伝達関数 $W(s)$ が

$$W(s) = |W(s)| \cdot e^{\pm jk\pi} = -|W(s)| \quad (k=1,3,5,\cdots) \tag{6.11}$$

となる条件である．これを閉ループの極の条件式 (6.8)式に代入すると

$$W(s) = -|W(s)| = -1, \quad \therefore |W(s)| = 1 \tag{6.12}$$

となり，これは(6.10)式の絶対値条件である．すなわち，(6.9)式および(6.10)式を満足する s が閉ループの極である．なお，(6.10)式の絶対値条件は，(6.7)式から

$$|W(s)| = K\left|\frac{Q_1}{P_1} \cdot \frac{Q_2}{P_2}\right| = 1 \tag{6.13}$$

であるが，この条件式はゲイン $K=0\sim\infty$ によって必ず満足する点があるので，結局 (6.9)式の角条件のみを満足する s の軌跡が根軌跡である．

実際に根軌跡を描いた例を図 6.2 に示す．この例では，一巡伝達関数の極（×印）が実軸の下側も数えて 4 個（$p_1, p_2, \cdots, p_4$ とおく），また一巡伝達関数の零点（○印）は実軸の下側も数えて 3 個（q_1, q_2, q_3 とおく）である．ラプラス平面上の s の点が閉ループの極となる条件は，(6.9)式の角条件であった．この条件は図 6.2 の例では，図 6.3 に示すように全ての極・零点から s の点に引いた角度によって次のように与えられる．

$$\angle W(s) = \angle(s-q_1) + \angle(s-q_2) + \angle(s-q_3)$$
$$- \angle(s-p_1) - \angle(s-p_2) - \angle(s-p_3) - \angle(s-p_4)$$
$$= \psi_{q1} + \psi_{q2} + \psi_{q3} - \psi_{p1} - \psi_{p2} - \psi_{p3} - \psi_{p4} = \pm k\pi \ (k=1, 3, 5, \cdots)$$
(6.14)

図 6.2 の根軌跡上の各点は，(6.14)式の角条件を満足する点である．

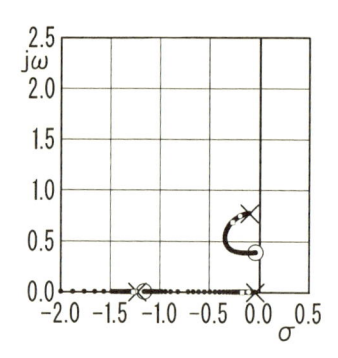

図 6.2 根軌跡の例 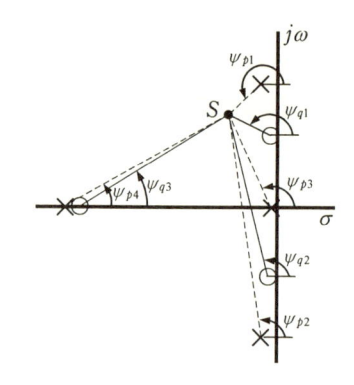　　　　**図 6.3** 根軌跡の角条件

(3) 根軌跡の性質

さて，図 6.2 および図 6.3 を例を参考にして，根軌跡の性質を以下に述べる．

① 根軌跡は実軸（横軸）に関して対称である．

一巡伝達関数の極・零点配置は，実軸に対して対称であるから根軌跡も実軸に対して対称となる．なお，図 6.2 では下側の根軌跡は省略しているが，上側だけ描けば十分である．

第6章 根軌跡

② | 根軌跡は，一巡伝達関数の極（図6.2の×印）に始まり，ゲインの増大とともに一巡伝達関数の零点（○印）および無限遠点に終わる．

(6.4)式および(6.5)式で述べたとおりである．なお，図6.2の根軌跡において，ゲインの影響がわかり易いように，小さい○印はゲイン $K_r=1$，小さい□印は $K_r=2$ の場合を表している．

③ | 一巡伝達関数の複素数の極または零点は，実軸上の根軌跡には影響を与えない．

図6.3からわかるように，s の点が実軸上にある場合，実軸の上側の複素極から s に引いた角度と，実軸の下側の複素極から s に引いた角度とは同じ角度で符号が反対であるから，加えると零になり角条件に影響を与えない．零点についても同じである．

④ | 根軌跡の枝の数は，一巡伝達関数の極の数に等しい．

根軌跡は一巡伝達関数の極から出発することから明らかである．

⑤ | 実軸上の根軌跡上の点から見て，実軸上右側の極および零点の数の合計は奇数である．

図6.4からわかるように，実軸上の極 s への角度の合計は180°の奇数倍のときに角条件を満足する．

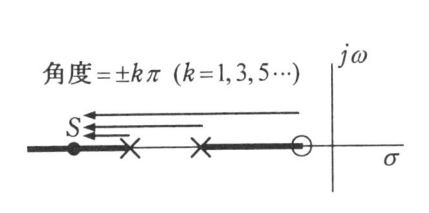

角度 $= \pm k\pi \ (k=1, 3, 5 \cdots)$

図6.4 実軸上の角条件

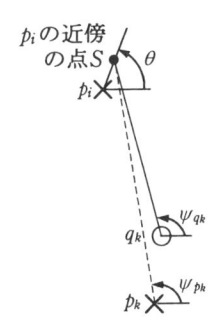

図6.5 出発角

⑥ 複素極 p_i からの出発角 θ は,その他の極 p_k および全ての零点 q_k から p_i の近傍の点 s への角度から,次式で得られる.

$$\sum_{k=1}^{m} \angle (p_i - q_k) - \sum_{k=1(\neq i)}^{n} \angle (p_i - p_k) - \theta = \pm k\pi \quad (k=1, 3, 5, \cdots) \quad (6.15)$$

図 6.5 に示す複素極 p_i の近傍の点 s に各点から引いたベクトルの角度を用いると,角条件式から上式が求まる.

⑦ 複素零点 q_i への到着角 θ は,⑥と同様にして次式が得られる.

$$\sum_{k=1(\neq i)}^{m} \angle (q_i - q_k) + \theta - \sum_{k=1}^{n} \angle (q_i - p_k) = \pm k\pi \quad (k=1, 3, 5, \cdots) \quad (6.16)$$

出発角の考え方と同様にして角条件式から上式が得られる.

⑧ 根軌跡の漸近線の方向 (図 6.6) は次式で与えられる.

$$\phi = \pm \frac{k\pi}{n-m}, \quad (k=1, 3, 5, \cdots) \quad (6.17)$$

極・零点から無限遠の点 s に引いたベクトルの角度は全て ϕ であるから,極の数を n,零点の数を m とすると,角条件式は

$$m\phi - n\phi = \pm k\pi \quad (k=1, 3, 5, \cdots)$$

となるから,上式が得られる.

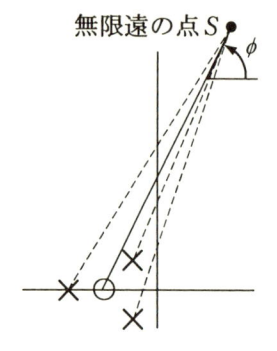

図 6.6 漸近線 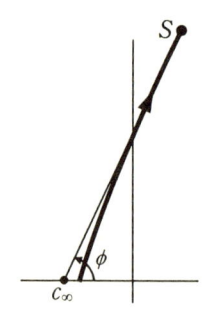 ϕ 図 6.7 漸近線交点

第6章 根軌跡

⑨ 根軌跡の漸近線の交点 (図6.7) は実軸上の点で，次式を満足する．ただし，$n>m$ とする．

$$C_\infty = -\frac{b_1 - a_1}{n-m}, \quad \text{ここで，} a_1 = -\sum_{k=1}^{m} q_k, \quad b_1 = -\sum_{k=1}^{n} p_k \tag{6.18}$$

いま，一巡伝達関数 $W(s)$ を

$$W(s) = K\frac{s^m + a_1 s^{m-1} + \cdots + a_m}{s^n + b_1 s^{n-1} + \cdots + b_n} \tag{6.19}$$

とすると，

$$s^n + b_1 s^{n-1} + \cdots + b_n = (s^m + a_1 s^{m-1} + \cdots + a_m) \cdot \{s^{n-m} + (b_1 - a_1)s^{n-m-1} + \cdots + b_n\} \tag{6.20}$$

の関係式から，$n>m$ として (6.19)式は次のように変形できる．

$$W(s) = \frac{K}{s^{n-m} + (b_1 - a_1)s^{n-m-1} + \cdots + b_n} = \frac{K}{s^{n-m} \cdot \left(1 + \frac{b_1 - a_1}{s}\right) + \cdots} \tag{6.21}$$

$|s|$ は大きいと仮定すると

$$1 + \frac{b_1 - a_1}{s} \fallingdotseq \left(1 + \frac{b_1 - a_1}{n-m} \cdot \frac{1}{s}\right)^{n-m} \tag{6.22}$$

この式を (6.21)式に代入すると次式を得る．

$$W(s) \fallingdotseq \frac{K}{\left(s + \frac{b_1 - a_1}{n-m}\right)^{n-m}} = K(s - c_\infty)^{-(n-m)} = Kr^{-(n-m)} \cdot e^{-j(n-m)\phi} \tag{6.23}$$

ただし，$s - c_\infty = re^{j\phi}, \quad c_\infty = -\dfrac{b_1 - a_1}{n-m}$ \hfill (6.24)

漸近線上の点 s は，$|s|$ が非常に大きい場合は根軌跡と一致するから，点 s が根軌跡となるための一巡伝達関数の角条件を (6.23)式に適用すると次式が得られる．

$$\angle W(s) \fallingdotseq -(n-m)\phi = \pm k\pi \quad (k=1, 3, 5, \cdots) \tag{6.25}$$

これから，ϕ は (6.17)式に示した根軌跡の漸近線の方向 ϕ に一致する．a_1 および b_1 を一巡伝達関数の極・零点で表してみる．いま，

$$W(s) = K\frac{s^m + a_1 s^{m-1} + \cdots}{s^n + b_1 s^{n-1} + \cdots} = K\frac{(s-q_1)(s-q_2)\cdots(s-q_m)}{(s-p_1)(s-p_2)\cdots(s-p_n)} \tag{6.26}$$

とおくと，a_1 および a_2 は次のように表される．

$$a_1 = -\sum_{k=1}^{m} q_k, \quad b_1 = -\sum_{k=1}^{n} p_k \tag{6.27}$$

⑩ > 実軸上の根軌跡が複素根軌跡に分離する点 s は，$W(s)$ を一巡伝達関数から複素数の極・零点を除いた関数とすると
> $$\frac{dW(s)}{ds} = 0 \tag{6.28}$$
> の解のうち角条件を満足するものとして得られる．

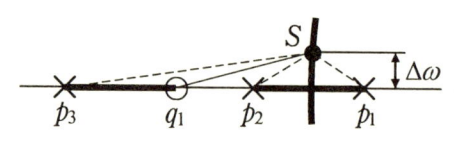

図 6.8　根軌跡の分離点

分離した直後の点 s に向かって極・零点からの角条件は，$\Delta \omega$ を微小とすると次式で与えられる．

$$\left\{ \sum_{k(Sより右の零点)} \left(\pi - \frac{\Delta \omega}{q_k - s} \right) + \sum_{k(Sより左の零点)} \frac{\Delta \omega}{s - q_k} \right\} \\ - \left\{ \sum_{k(Sより右の極)} \left(\pi - \frac{\Delta \omega}{p_k - s} \right) + \sum_{k(Sより左の極)} \frac{\Delta \omega}{s - p_k} \right\} = \pm k\pi \quad (k = 1, 3, 5, \cdots) \tag{6.29}$$

ただし，極 p_k，零点 p_k は実軸上の点であり，また s は実数と仮定している．(6.29)式の左辺の π の数は，s が根軌跡上の点であるから極・零点合わせて奇数個であり，結局左辺には奇数個の π が残る．右辺の π も奇数個であるから，(6.29)式から次のような関係式が得られる

$$\sum_{k=1}^{m} \frac{\Delta \omega}{s - q_k} - \sum_{k=1}^{n} \frac{\Delta \omega}{s - p_k} = 0, \quad \therefore \sum_{k=1}^{m} \frac{1}{s - q_k} - \sum_{k=1}^{n} \frac{1}{s - p_k} = 0 \tag{6.30}$$

一方，一巡伝達関数を

$$W(s) = K \frac{(s-q_1)(s-q_2)\cdots(s-q_m)}{(s-p_1)(s-p_2)\cdots(s-p_n)} = re^{j\theta} \tag{6.31}$$

とおき，この式の両辺の対数をとると

第6章 根軌跡

$$\ln W(s) = \ln K + \ln(s-q_1) + \ln(s-q_2) + \cdots + \ln(s-q_m)$$
$$- \ln(s-p_1) - \ln(s-p_2) - \cdots - \ln(s-p_n) = \ln r + j\theta \quad (6.32)$$

と表される．ここでは s は実軸上の根軌跡の点と考えているから，(6.31)式の中に複素数の極・零点がある場合には，(6.32)式においては複素数の極・零点は共役複素数でキャンセルされる．よって，(6.32)式の形式を考える場合には，(6.31)式の一巡伝達関数から複素数の極・零点は予め除いておいて良い．

(6.32)式を実数 s で微分すると

$$\frac{1}{W(s)} \cdot \frac{dW(s)}{ds} = \frac{1}{s-q_1} + \frac{1}{s-q_2} + \cdots + \frac{1}{s-q_m} - \frac{1}{s-p_1} - \frac{1}{s-p_2} - \cdots - \frac{1}{s-p_n} \quad (6.33)$$

となる．この式の右辺は (6.30)式の左辺に等しいから，実軸上の根軌跡が複素根軌跡に分離する点 s は

$$\frac{dW(s)}{ds} = 0 \quad (6.34)$$

の解のうち角条件を満足するものとして得られる．なお，$W(s)$ は一巡伝達関数から複素数の極・零点を除いた関数である．

[演習6.1] 一巡伝達関数 $W(s)$ が次で表されるシステムの根軌跡を求めよ．

(a) $W(s) = \dfrac{2K}{s+2}$　　(b) $W(s) = \dfrac{10K}{s(s+10)}$　　(c) $W(s) = \dfrac{K}{10} \cdot \dfrac{s+10}{s+1}$

(d) $W(s) = \dfrac{0.5K(s+10)}{(s+1)(s+5)}$　　(e) $W(s) = \dfrac{50K}{(s+1)(s+5)(s+10)}$

(f) $W(s) = \dfrac{640K}{(s+10)(s^2+12s+64)}$　　(g) $W(s) = \dfrac{64K}{(s+1)(s^2+12s+64)}$

(h) $W(s) = \dfrac{100K}{(s+1)(s^2+19s+100)}$　　(i) $W(s) = \dfrac{13.5K(s+4)}{(s+1)(s+3)(s+18)}$

(j) $W(s) = \dfrac{10.8K(s+5)}{(s+1)(s+3)(s+18)}$　　(k) $W(s) = \dfrac{0.5K(s+5)(s+12)}{(s+1)(s+3)(s+10)}$

(解答)

(a) 一巡伝達関数が $W(s) = \dfrac{2K}{s+2}$ であるから，フィードバック制御系は図(a.1)のように表される．この制御系をKMAPで解析するには，図(a.2)のように，各ブロック要素の入力および出力にZ番号を付ける．

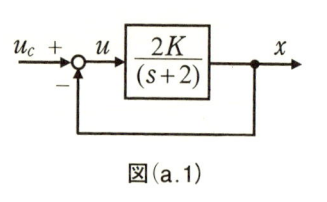

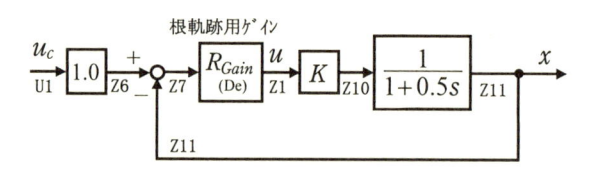

図(a.1)

図(a.2)　KMAP解析用ブロック図

図(a.2)のブロック図を作成する際には，KMAPで計算しやすいように，伝達関数の要素をKMAPで使用できる関数形に変形しておく．本ケースは1次遅れ形であるので，分母を $(1+Ts)$ の形式にする．KMAP用のデータは次のようになる．（このデータの作り方については第10章参照）

```
30  //(1次遅れ)
31  Z6=U1*G;                        0.1000E+01   (←外部入力U1設定)
32  Z7=Z6-Z11;
37  //(開ループ,根軌跡用ゲイン)(De)
38  Z1={RGAIN(De)}Z7;                            (←根軌跡用ゲイン設定)
39  //(このZ1がコントロール入力)
    Z10=Z1*G;                       0.1000E+01   (←ゲインKに1.0設定)
34  Z11={1/(1+GS)}Z10X2;            0.5000E+00   (←1次遅れ設定)
42  R6=Z11; (Y4)                                 (←閉ループ出力Z11設定)
```

（このデータの全体は EIGE.W318.SEIGY027.DAT）

計算の実行は次のように行う．

第6章 根軌跡

```
NAERO=11 ; Z1 (F/B 有)
NAERO=110; Z1 (閉ループ)
NAERO=12 ; Z3 (F/B 有)
NAERO=120; Z3 (閉ループ)
NAERO=13 ; Z5 (F/B 有)
NAERO=130; Z5 (閉ループ)
----(INPUT)---- NAERO=11
 (入力) Uj, j=1:(U1)  / (出力) Ri, i=4:(R6),・・・
----(INPUT)---- Uj, j=1
----(INPUT)---- Ri, i=4
***** POLES AND ZEROS *****  (←閉ループ極)
   N      REAL              IMAG
   1    -0.40000000D+01   0.00000000D+00

***** POLES AND ZEROS *****  (←一巡伝達関数極)
POLES( 1), EIVMAX=  0.200D+01
   N      REAL              IMAG
   1    -0.20000000D+01   0.00000000D+00
```

図(a.3) 根軌跡
(EIGE.W318.SEIGYO27.DAT)

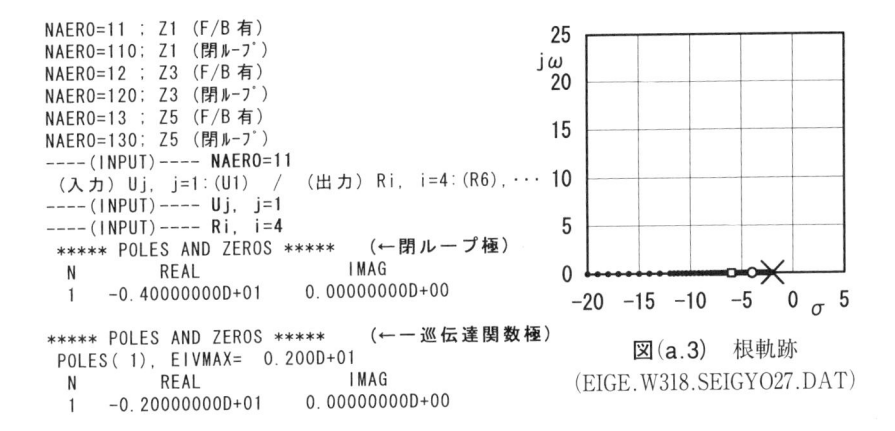

図(a.3)で，大きな×印は一巡伝達関数の極を表し，ここから出発する根軌跡は小さな黒丸の点で表される．なお，根軌跡上の小さな○印はゲインが1倍の場合，また小さな□印はゲイン2倍の場合を示す．

本演習のケース（b）以降については結果のみを以下に示す．

(b) $W(s) = \dfrac{10K}{s(s+10)} = K\dfrac{1}{s} \cdot \dfrac{1}{1+0.1s}$ と変形してデータ作成（以下同じ）．

(c) $W(s) = \dfrac{K}{10} \cdot \dfrac{s+10}{s+1} = K \cdot \dfrac{1+0.1s}{1+s}$ と変形．

(d) $W(s) = \dfrac{0.5K(s+10)}{(s+1)(s+5)} = K \cdot \dfrac{1+0.1s}{1+s} \cdot \dfrac{1}{1+0.2s}$ と変形．

(e) $W(s) = \dfrac{50K}{(s+1)(s+5)(s+10)} = K\dfrac{1}{1+s} \cdot \dfrac{1}{1+0.2s} \cdot \dfrac{1}{1+0.1s}$ と変形．

(f) $W(s) = \dfrac{640K}{(s+10)(s^2+12s+64)} = K \cdot \dfrac{1}{1+0.1s} \cdot \dfrac{8^2}{s^2+2(0.75)8s+8^2}$ と変形．

(g) $W(s) = \dfrac{64K}{(s+1)(s^2+12s+64)} = K \cdot \dfrac{1}{1+s} \cdot \dfrac{8^2}{s^2+2(0.75)8s+8^2}$ と変形．

(h) $W(s) = \dfrac{100K}{(s+1)(s^2+19s+100)} = K \cdot \dfrac{1}{1+s} \cdot \dfrac{10^2}{s^2+2(0.95)10s+10^2}$ と変形．

(i) $W(s) = \dfrac{13.5K(s+4)}{(s+1)(s+3)(s+18)} = K \cdot \dfrac{1}{1+s} \cdot \dfrac{1}{1+0.333s} \cdot \dfrac{1+0.25s}{1+0.0556s}$ と変形．

(j)　$W(s) = \dfrac{10.8K(s+5)}{(s+1)(s+3)(s+18)} = K \cdot \dfrac{1}{1+s} \cdot \dfrac{1}{1+0.333s} \cdot \dfrac{1+0.2s}{1+0.0556s}$ と変形.

(k)　$W(s) = \dfrac{0.5K(s+5)(s+12)}{(s+1)(s+3)(s+10)} = K \cdot \dfrac{1}{1+s} \cdot \dfrac{1+0.2s}{1+0.333s} \cdot \dfrac{1+0.0833s}{1+0.1s}$ と変形.

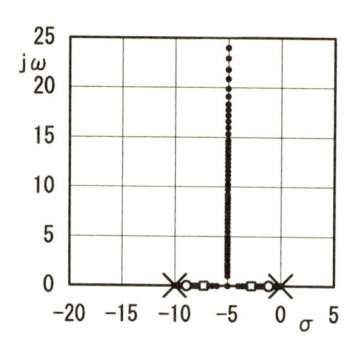

図(b)　根軌跡
（EIGE.W318.SEIGYO28.DAT）

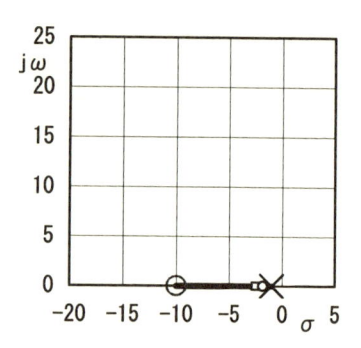

図(c)　根軌跡
（EIGE.W318.SEIGYO29.DAT）

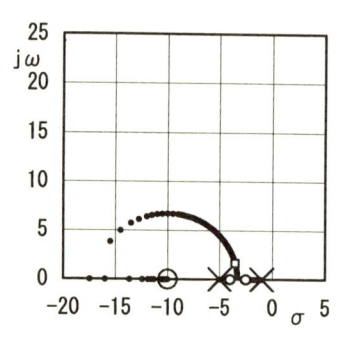

図(c)で大きな○印は，一巡伝達関数の零点を表す．根軌跡は×印（極）から○印（零点）に向かうことがわかる．

図(d)　根軌跡
（EIGE.W318.SEIGYO30.DAT）

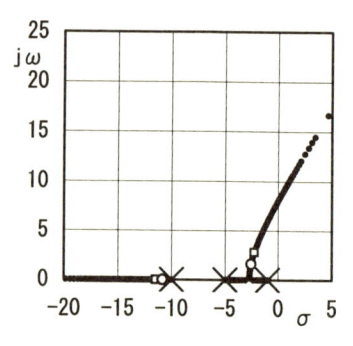

図(e)　根軌跡
（EIGE.W318.SEIGYO31.DAT）

第6章 根軌跡

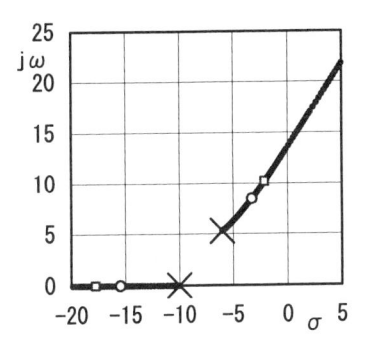

図(f) 根軌跡
(EIGE.W318.SEIGYO32.DAT)

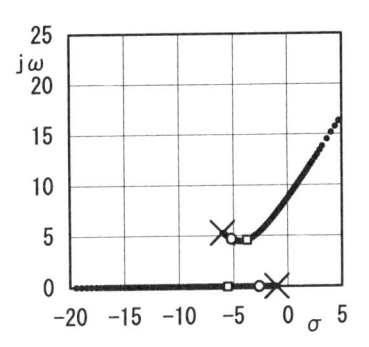

図(g) 根軌跡
(EIGE.W318.SEIGYO33.DAT)

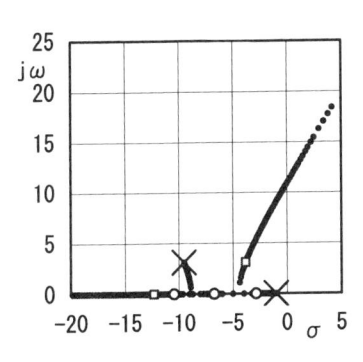

図(h) 根軌跡
(EIGE.W318.SEIGYO34.DAT)

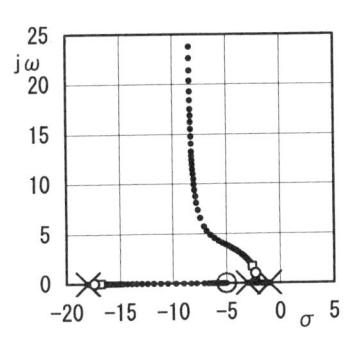

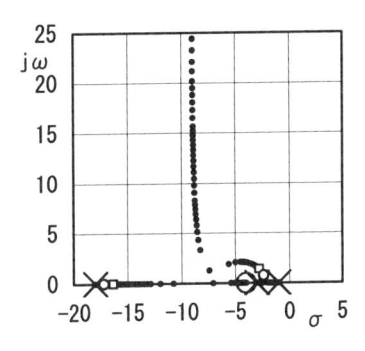

図(i) 根軌跡
(EIGE.W318.SEIGYO35.DAT)

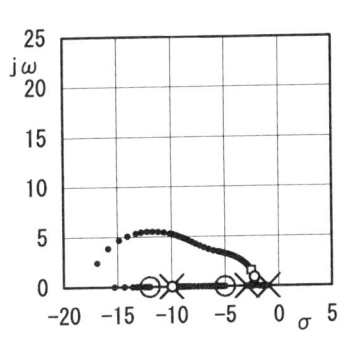

図(j) 根軌跡
(EIGE.W318.SEIGYO36.DAT)

図(k) 根軌跡
(EIGE.W318.SEIGYO37.DAT)

6.2 ゲインが負の場合の根軌跡

ヨー角速度 r にゲイン K_r を掛けて，ラダー δr にフィードバック（$\delta r = K_r r$）制御を行った場合の $K_r = 0 \sim \infty$（正の値）の根軌跡を図 6.2 に示した．これを再び図 6.9(a) に示す．これに対して $K_r = 0 \sim -\infty$（負の値）の根軌跡を図 6.9(b) に示す．これらを比較すると互いに逆の向きに根軌跡が移動していることがわかる．図 (b) では，6.1 節で考えた根軌跡の性質が成り立っていない．なぜ根軌跡が 2 種類存在するのかを図 6.10 に示す簡単な例で考えてみよう．

(a) $K_r > 0$ (b) $K_r < 0$

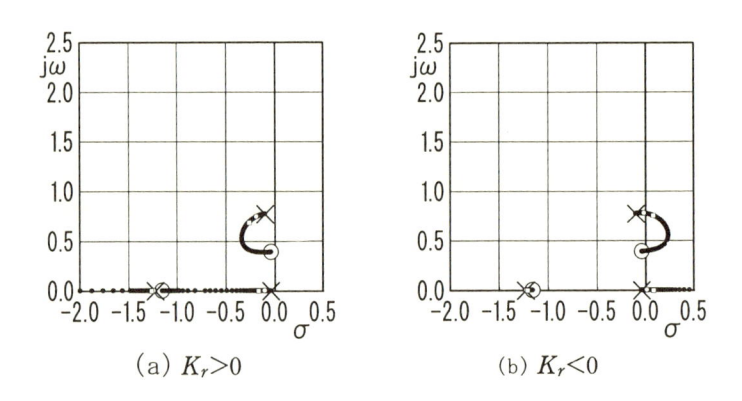

図 6.9 フィードバックによる根軌跡

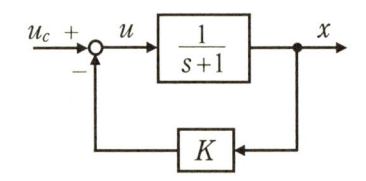

図 6.10 簡単な例題

図 6.10 の閉ループの応答は次式で与えられる．

$$\frac{x}{u_c} = \frac{\dfrac{1}{s+1}}{1+K\dfrac{1}{s+1}} = \frac{1}{s+(1+K)} \tag{6.35}$$

閉ループの極は次の特性方程式を解いて得られる．

$$s+(1+K)=0, \quad \therefore s = -(1+K) \tag{6.36}$$

このとき，フィードバックゲイン K を変化させた根軌跡を図 6.11 に示す．$K>0$ の場合は図(a)のように根軌跡は左側に移動し，また $K<0$ の場合は図(b)のように根軌跡は右側に移動することがわかる．この2種類の根軌跡について詳しく見てみよう．図 6.10 のブロック図から

$$\text{一巡伝達関数 } W(s) = K\frac{1}{s+1} \tag{6.37}$$

$$\text{閉ループの極：} W(s) = K\frac{1}{s+1} = -1, \quad \therefore \frac{1}{s+1} = -\frac{1}{K} \tag{6.38}$$

これから，根軌跡となる角条件がゲイン K の符号で異なることがわかる．

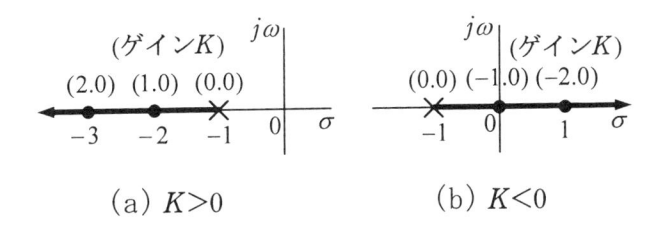

図 6.11　簡単な例題(図 6.10)の根軌跡

以下，ゲインが正負で根軌跡の性質が変わるものをまとめておく．

(a) 一巡伝達関数を $W(s)$, その極および零点を $p_k(k=1, 2, \cdots, n)$ および $q_k(k=1, 2, \cdots, m)$ としたとき特性方程式 $1+W(s)=0$ を変形して

$$\frac{(s-q_1)(s-q_2)\cdots(s-q_m)}{(s-p_1)(s-p_2)\cdots(s-p_n)} = -\frac{1}{K} \quad (6.39)$$

と表した場合，根軌跡となる角条件は次のように与えられる．

$$\sum_{k=1}^{m} \angle(s-q_k) - \sum_{k=1}^{n} \angle(s-p_k) = \pm k\pi, \begin{cases} K>0 \text{の場合}: k=1, 3, 5, \cdots \\ K<0 \text{の場合}: k=0, 2, 4, \cdots \end{cases} \quad (6.40)$$

(b) 実軸上の根軌跡上の点から見て，実軸上右側の極および零点の数の合計は

$$\begin{cases} K>0 \text{の場合}: 奇数 \\ K<0 \text{の場合}: 偶数 \end{cases} \quad (6.41)$$

(c) 複素極 p_i からの出発角 θ は，次式で与えられる．

$$\sum_{k=1}^{m} \angle(p_i-q_k) - \sum_{k=1(\neq i)}^{n} \angle(p_i-p_k) - \theta = \pm k\pi, \begin{cases} K>0 \text{の場合}: k=1, 3, 5, \cdots \\ K<0 \text{の場合}: k=0, 2, 4, \cdots \end{cases} \quad (6.42)$$

(d) 複素零点 q_i への到着角 θ は，次式で与えられる．

$$\sum_{k=1(\neq i)}^{m} \angle(q_i-q_k) + \theta - \sum_{k=1}^{n} \angle(q_i-p_k) = \pm k\pi, \begin{cases} K>0 \text{の場合}: k=1, 3, 5, \cdots \\ K<0 \text{の場合}: k=0, 2, 4, \cdots \end{cases} \quad (6.43)$$

(e) 根軌跡の漸近線の方向 ϕ は次式で与えられる．

$$\phi = \pm \frac{k\pi}{n-m}, \begin{cases} K>0 \text{の場合}: k=1, 3, 5, \cdots \\ K<0 \text{の場合}: k=0, 2, 4, \cdots \end{cases} \quad (6.44)$$

第 7 章　周波数特性

本章では，伝達関数を基にシステムの時間応答特性をラプラス空間上で評価できる周波数特性について述べる．周期入力に対する応答の振幅（ゲイン曲線）と応答の遅れを表す位相（位相曲線）を周期入力の周波数に対してプロットするボード線図について述べる．ボード線図は，時間空間での評価をラプラス空間上で直接行える便利な評価ツールである．

7.1　周波数伝達関数

ラプラス変換された状態変数を $X(s)$，入力を $U(s)$，その伝達関数を $G(s)$ とすると，状態変数の応答が次式によって与えられる．

$$X(s) = G(s) \cdot U(s) \tag{7.1}$$

一方，次の関数

$$h(t) = \int_0^t g(t-\tau) \cdot u(\tau) d\tau \tag{7.2}$$

を $g(t)$ と $u(t)$ の合成積（convolution）といい，それぞれのラプラス変換 $G(s)$ および $U(s)$ と次の関係がある．

$$L[h(t)] = L\left[\int_0^t g(t-\tau) \cdot u(\tau) d\tau\right] = G(s) \cdot U(s) \tag{7.3}$$

ただし，$L[\ ]$ は [ ] 内の関数のラプラス変換を示す．逆ラプラス変換を $L^{-1}[\ ]$ で表すと

$$h(t) = L^{-1}[G(s) \cdot U(s)] = L^{-1}[X(s)] = x(t) \tag{7.4}$$

となる．従って，(7.2)式から $x(t)$ は次式で与えられる．

$$\boxed{x(t) = \int_0^t g(t-\tau) \cdot u(\tau) d\tau} \tag{7.5}$$

いま入力 $u(t)$ を次式

$$\boxed{u(t) = Ae^{j\omega t} = A(\cos\omega t + j\sin\omega t)} \tag{7.6}$$

とすると，十分時間が経過して定常状態のときの応答 $x(t)$ は（7.5）式で入力が加わる時間を移動させて次のように表せる．

$$x(t) = \int_{-\infty}^{t} g(t-\tau) \cdot Ae^{j\omega\tau} d\tau \tag{7.7}$$

ここで，$t-\tau = v$ と変数変換すると次式のようになる．

$$x(t) = \int_{0}^{\infty} g(v) \cdot Ae^{j\omega(t-v)} dv = Ae^{j\omega t} \int_{0}^{\infty} g(v) e^{-j\omega v} dv \tag{7.8}$$

一方，伝達関数 $G(s)$ について $s = j\omega$ とおくと

$$G(j\omega) = \int_{0}^{\infty} g(v) e^{-j\omega v} dv \tag{7.9}$$

この式を（7.8）式に代入すると，応答 $x(t)$ は次式で与えられる．

$$\boxed{x(t) = G(j\omega) \cdot Ae^{j\omega t}} \tag{7.10}$$

すなわち，周期関数入力 $Ae^{j\omega t}$ を与えたとき，(7.1)式で表される応答 $X(s)$ の時間応答 $x(t)$ は，伝達関数 $G(s)$ において $s = j\omega$ とおいた $G(j\omega)$ に入力 $Ae^{j\omega t}$ を掛けたものとなる．この $G(j\omega)$ は**周波数伝達関数**（frequency transfer function）または**周波数応答関数**と呼ばれる．入力の振幅 $A = 1$ とし，周波数伝達関数 $G(j\omega)$ を

$$G(j\omega) = re^{j\phi} \tag{7.11}$$

とおくと，絶対値 $r (= |G(j\omega)|)$ は応答の大きさを表す**ゲイン**（gain），偏角 ϕ は応答の遅れを表す**位相**（phase）と呼ばれる．実際の応答は（7.10）式から

$$\begin{aligned}x(t) &= G(j\omega) \cdot (\cos\omega t + j\sin\omega t) = re^{j\phi} \cdot e^{j\omega t} = re^{j(\omega t + \phi)} \\ &= r\cos(\omega t + \phi) + jr\sin(\omega t + \phi)\end{aligned} \tag{7.12}$$

と表される．この式から次のようなことが言える．入力 $u(t)$ に対して $x(t)$ を出力するシステムにおいて，それらをラプラス変換した $U(s)$ および $X(s)$ から得られた伝達関数を $G(s) = X(s)/U(s)$ とすると，入力 $u(t)$ が複素数周期関数 $e^{j\omega t}$ のとき出力は $re^{j(\omega t + \phi)}$ となる．ただし，$G(j\omega) = re^{j\phi}$ である．また，入力が $\cos\omega t$ のときの出力は $r\cos(\omega t + \phi)$ となる．入力が $\sin\omega t$ のときも同様である．すなわち，入力が $\sin\omega t$ または $\cos\omega t$ のときは，出力は振幅が r 倍で，同じ角振動数 ω の sin または cos 関数となり，位相が ϕ だけ遅れた応答となる．

この r と ϕ の値は,伝達関数 $G(s)$ において $s=j\omega$ とおいた得られる周波数伝達関数 $G(j\omega)$ のゲインと位相である.これらの関係式を図 7.1 に示す.

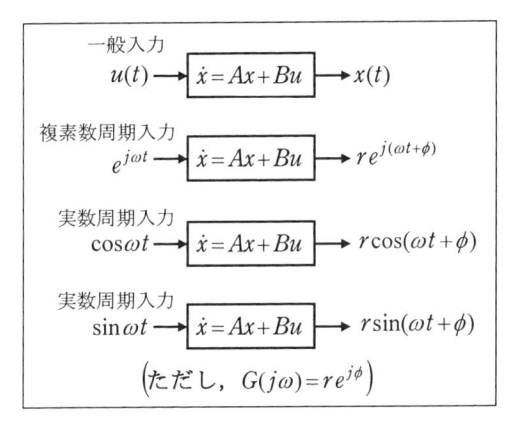

```
一般入力
u(t) → ẋ = Ax + Bu → x(t)

複素数周期入力
e^{jωt} → ẋ = Ax + Bu → re^{j(ωt+φ)}

実数周期入力
cosωt → ẋ = Ax + Bu → rcos(ωt+φ)

実数周期入力
sinωt → ẋ = Ax + Bu → rsin(ωt+φ)

(ただし,G(jω) = re^{jφ})
```

(r, ϕ は周波数伝達関数 $G(j\omega)$ のゲインと位相)
図 7.1　周波数応答の関係式

7.2　ボード線図

このように,システムの応答特性を把握するためには,周波数伝達関数 $G(j\omega)$ のゲイン r と位相 ϕ を知る必要がある.そこで,各周波数 ω に対してゲインと位相をプロットした図を描いておくと便利である.この図は**ボード線図**(Bode diagram)と呼ばれる.ボード線図の例を図 7.2 に示す.

ボード線図のゲインの単位は dB(デシベル)であるが,これはゲイン r に対して,$20\log r$ で表したものである.dB 単位は $r=1$ のとき 0dB で,r が 10 倍毎に 20dB 増え,r が 1/10 倍毎に 20dB 減るので,非常に大きなゲイン変化まで表すことができる便利な単位である.また,横軸は周波数 ω(rad/s)の対数目盛となっており,これも非常に大きな周波数範囲まで表すことが可能である.

ボード線図は,伝達関数を直列に結合する場合,ゲインおよび位相は単純な加え合わせによって得られる.従って,あるシステムの特性に別の伝達関数を挿入した場合の影響が概略読み取れるので便利である.

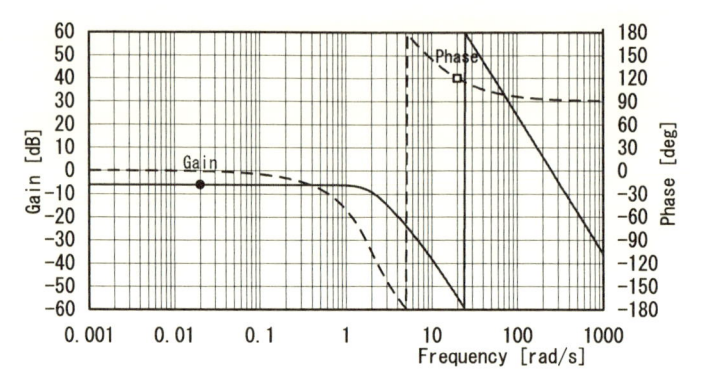

図7.2 ボード線図例

[演習7.1] 次の伝達関数 $G(s)$ のボード線図を求めよ．

(a) 積分要素 $G(s) = \dfrac{0.1}{s}$ (b) 1次遅れ要素 $G(s) = \dfrac{1}{1+Ts}$, $(T=0.1\text{sec})$

(c) 2次遅れ要素 $G(s) = \dfrac{\omega_n^2}{s^2+2\zeta\omega_n s+\omega_n^2}$, $(\zeta=0.7, \ \omega_n=1.0\text{rad/s})$

(d) 2次遅れ要素 $G(s) = \dfrac{\omega_n^2}{s^2+2\zeta\omega_n s+\omega_n^2}$, $(\zeta=0.1, \ \omega_n=1.0\text{rad/s})$

(解答)

(a) $G(j\omega) = \dfrac{0.1}{j\omega} = -j\dfrac{0.1}{\omega}$

ゲインは，$20\log|G(j\omega)| = 20\log\dfrac{1}{10\omega} = -20 - 20\log\omega$ (dB)

位相は，負の純虚数から，$\angle G(j\omega) = -90°$（∠は位相を表す記号）
KMAPで計算するには，次のようにインプットデータを作成する．

第7章 周波数特性

```
30   //(積分要素)
31   Z6=U1*G;                        0.1000E+00
32   Z1={1/S,t>=G}Z6X2;              0.0000E+00   (←積分要素設定)
```

（このデータの全体は EIGE.W318.SEIGYO18.DAT）

　計算の実行は次のように行う．

```
----(INPUT)---- NAERO=110
(NAERO=110) Z1 (閉ループ)
(入力) Uj, j=1:(U1)  / (出力) Ri, i=4:(R6), 5:(R7), ‥‥
----(INPUT)---- Uj, j=1
----(INPUT)---- Ri, i=4
***** POLES AND ZEROS *****
POLES( 1), EIVMAX=  0.000D+00
 N      REAL              IMAG
 1   0.00000000D+00     0.00000000D+00   (←極)
ZEROS( 0), II/JJ= 4/ 1, G=  0.100D+00
 N      REAL              IMAG
```

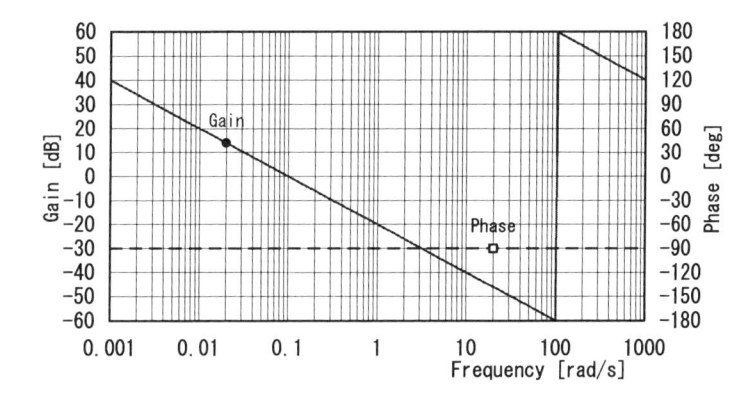

図(a)　$G(s) = \dfrac{0.1}{s}$ のボード線図 （EIGE.W318.SEIGYO18.DAT）

- ゲインは，$\omega = 0.1$ のときに 0dB.
- ゲインは，20dB/dc（dc:ω が10倍）で 20dB 下がる．
- 位相は，$-90°$一定．

(b) $G(j\omega) = \dfrac{1}{1+j\omega T}$, $(T = 0.1\text{sec})$

ゲインは，$20\log|G(j\omega)| = 20\log\dfrac{1}{\sqrt{1+\omega^2 T^2}} = -10\log(1+\omega^2 T^2)(\text{dB})$

位相は，$\angle G(j\omega) = -\tan^{-1}(\omega T)$

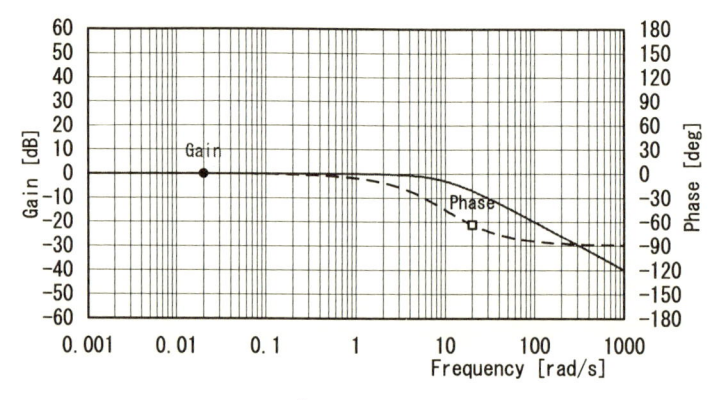

図(b)　$G(s) = \dfrac{1}{1+Ts}$, $(T=0.1)$ のボード線図

(EIGE.W318.SEIGYO19.DAT)

- ゲインは，$\omega = 1/T = 10$ から折れ曲がり減少する．
  - この $\omega = 1/T$ は**折点周波数**（break frequency）と呼ばれる．
- ゲインは，20dB/dc（1 デカード [ω が 10 倍] で 20dB 減少）．
- 位相は，$\omega = 1/T = 10$ で $-45°$．
- 位相は，$\omega = \infty$ で $-90°$．

(c) $G(j\omega) = \dfrac{\omega_n^2}{(j\omega)^2 + 2\zeta\omega_n(j\omega) + \omega_n^2}$, $(\zeta = 0.7,\ \omega_n = 1.0\text{rad/s})$

ゲインは，$\lim_{\omega \to 0} 20\log|G(j\omega)| = 20\log 1 = 0(\text{dB})$

$\lim_{\omega \to \omega_n} 20\log|G(j\omega)| = -20\log 2\zeta(\text{dB})$ ($\zeta = 0.5$ の場合は 0dB)

$\lim_{\omega \to \infty} 20\log|G(j\omega)| = 20\log\dfrac{\omega_n^2}{\omega^2} = -40\log\dfrac{\omega}{\omega_n}(\text{dB})$

位相は，$\angle G(j\omega) = \tan^{-1}\dfrac{2\zeta\omega_n\omega}{\omega^2-\omega_n^2}$ であるから，

$\lim\limits_{\omega\to 0}\angle G(j\omega) = \tan^{-1}(+0) = 0°$, $\lim\limits_{\omega\to\omega_n}\angle G(j\omega) = \tan^{-1}(-\infty) = -90°$

$\lim\limits_{\omega\to\infty}\angle G(j\omega) = \tan^{-1}(-0) = -180°$．

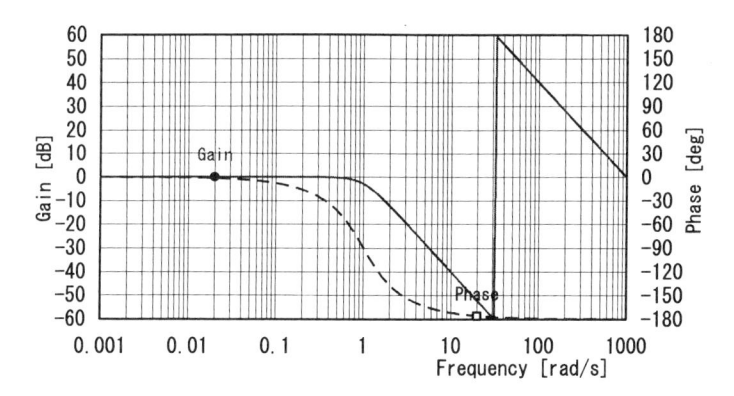

図(c)　$G(s) = \dfrac{\omega_n^2}{s^2+2\zeta\omega_n s+\omega_n^2}$, （$\zeta=0.7$, $\omega_n=1$）のボード線図

(EIGE.W318.SEIGYO20.DAT)

- ゲインは，$\omega=\omega_n=1$ 付近から折れ曲がり減少する．
- ゲインは，40dB/dc で減少．
- ゲインは，$\omega=\omega_n=1$ で $-20\log 1.4 = -2.9$dB．
- 位相は，$\omega=\omega_n=1$ で $-90°$ 遅れる．
- 位相は，$\omega=\infty$ で $-180°$ 遅れる．

(d)　$G(j\omega) = \dfrac{\omega_n^2}{(j\omega)^2+2\zeta\omega_n(j\omega)+\omega_n^2}$, （$\zeta=0.1$, $\omega_n=1.0$rad/s）

このケースは，(c) のケースの減衰比を変えたものである．

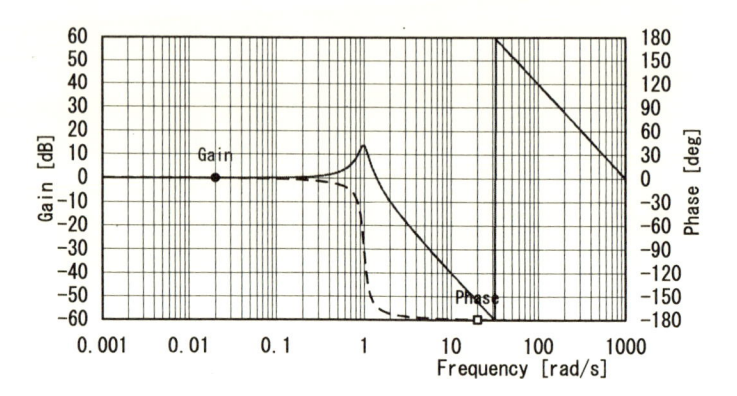

図(d)　$G(s) = \dfrac{\omega_n^2}{s^2 + 2\zeta\omega_n s + \omega_n^2}$, ($\zeta=0.1$, $\omega_n=1$) のボード線図
（EIGE.W318.SEIGYO21.DAT）

下記以外は (c) と同じ.
- ゲインは, $\omega=\omega_n=1$ で $-20\log 0.2 = 14.0\mathrm{dB}$.

第8章 周波数領域における安定判別法

　前章では，時間空間上の応答特性をラプラス空間上で評価できる周波数特性について述べた．システムの時間応答をラプラス逆変換で時間領域の解析関数として解を求めなくとも，ラプラス空間上で直接評価できる便利な公式であった．本章では，システムの安定性について，ラプラス空間上で評価できる方法について述べる．

8.1 ナイキストの安定判別法

　フィードバック制御系の一巡伝達関数 $W(s)$ を次式とする．

$$W(s) = K\frac{Q(s)}{P(s)} = K\frac{(s-q_1)(s-q_2)\cdots(s-q_m)}{(s-p_1)(s-p_2)\cdots(s-p_n)} \tag{8.1}$$

閉ループ制御系の特性方程式は

$$1+W(s) = 1+K\frac{Q(s)}{P(s)} = \frac{P(s)+KQ(s)}{P(s)} = 0 \tag{8.2}$$

で与えられるから，閉ループの極は次式を解くことにより得られる．

$$P(s)+KQ(s) = (s-p_1)(s-p_2)\cdots(s-p_n)+K(s-q_1)(s-q_2)\cdots(s-q_m) = 0 \tag{8.3}$$

これによって得られる閉ループ極を $p'_k(k=1,\cdots,n)$ とすると (8.2)式は次のように表される．

$$\boxed{1+W(s) = \frac{P(s)+KQ(s)}{P(s)} = \frac{(s-p'_1)(s-p'_2)\cdots(s-p'_n)}{(s-p_1)(s-p_2)\cdots(s-p_n)}} \tag{8.3}$$

　さて，制御系の閉ループ極 $(p'_1, p'_2, \cdots, p'_n)$ が s 平面の左半面にあるとき，その制御系は安定である．**ナイキスト**(Nyquist)**の安定判別法は**，この閉ルー

プ極が右半面にあるかどうかを, s 平面上において右半面全体を囲む閉曲線（図 8.1) を考え, s をこの半円を時計まわりに一周させたときに, (8.3)式の位相（偏角) が何度変化するかで, 閉ループの極 (p'_1, p'_2, $\cdots p'_n$) が s 平面の右半面にあるかないかを判別する方法である. 具体的には次のように行う.

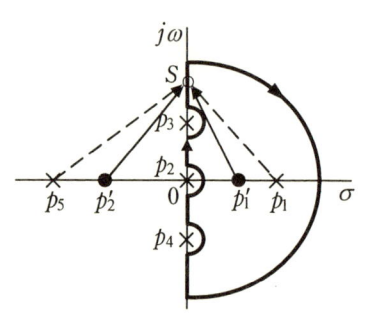

図 8.1 s 平面上の閉曲線

図 8.1 は, 一巡伝達関数の極 (p_1, p_2, $\cdots p_n$) を ×印で, また閉ループの極 (p'_1, p'_2, $\cdots p'_n$) を●印で表されている. 虚軸上に極がある場合には, 図に示したように半円には含めない. 図8.1の半円を時計回りに s が一周するとき, 各極 (p_k および p'_k) から半円上の点 s に向かって引いたベクトルは, 半円内の極では 1 回転, 半円の外の極は 1 回転しないことがわかる.

$$
\boxed{\begin{array}{l} \text{・半円内の極} \Rightarrow \text{回転数 1} \\ \text{・半円外の極} \Rightarrow \text{回転数 0} \end{array}} \tag{8.4}
$$

一方, (8.3)式から $\{1+W(s)\}$ の位相は次式で表される.

$$
\angle\{1+W(s)\} = \{\angle(s-p'_1) + \angle(s-p'_2) + \cdots + \angle(s-p'_n)\} - \{\angle(s-p_1) + \angle(s-p_2) \cdots + \angle(s-p_n)\} \tag{8.5}
$$

これから, $\{1+W(s)\}$ の位相（偏角）の回転数は, p'_k から s へのベクトルの回転数 P' の合計から, p_k から s へのベクトルの回転数 P の合計を引いた回転数 R（時計回りが正) だけ回転することがわかる. すなわち

$$
R = P' - P \tag{8.6}
$$

である. ここで, 一巡伝達関数の極 (p_1, p_2, $\cdots p_n$) については, その位置は予めわかっているので, 回転数 P は既知である. しかも通常一巡伝達関数の極は安定（左半面内）であるので, そのとき P は 0 回転で $R = P'$ となる. 例え

ば，一巡伝達関数の極 (p_1, p_2, …p_n) が全て安定（左半面）で，$\{1 + W(s)\}$ が s を半円上を移動したときに原点まわりに2回転した（$R = 2$）とすると，閉ループ極が2個不安定側（右半面）にあるとわかる．ナイキストの判別法によれば，不安定極の数までわかるわけである．

ナイキストの判別法による閉ループ制御系の安定条件は，次のようにまとめられる．

ナイキストの安定判別法

一巡伝達関数 $W(s)$ の極のうち右半面にある個数を P とする．s を $-j\infty \to 0 \to j\infty \to -j\infty$ と右半円を時計回りに移動させたときのベクトル $\{1 + W(s)\}$ の回転数を R としたとき，

$$R = -P \quad （時計回りが正） \tag{8.7}$$

ならば閉ループ制御系は安定である．

ただし，$s = 0$ に一巡伝達関数の極がある場合には一つ注意しておく必要がある．このときはベクトル $\{1 + W(s)\}$ の大きさが無限大になるので，無限大においてベクトル $\{1 + W(s)\}$ が時計回りにまわるのか，あるいは反時計回りにまわるのかを明確にしておかないと，原点まわりの回転数が変わってくる．具体的には次のようにする．

すなわち，図8.1の s 平面プロットで s が原点付近を移動するときには，$s = 0$ の点から引いたベクトルは位相が反時計回りに180°変化する．従って，$\{1 + W(s)\}$ における $s = 0$ の極によって，ベクトル $\{1 + W(s)\}$ はその逆数である時計回りに180°回転することになる．結局，ベクトル $\{1 + W(s)\}$ は無限遠において時計回りに回転させて全体の回転数を計算する．（なお，図8.1の s 平面プロットでは実軸上の極を半円から除いたが，半円に含めると定義しても同様に論理展開できる．）

さて，$\{1 + W(s)\}$ の位相が R 回変化するのを求めるには次のように行う．s 平面上の半円上の $s = \infty$ の部分を s が移動している場合は，(8.1)式の一巡伝達関数 $W(s)$ は 0 となるので位相の変化は 0 である．従って，半円上の s の移動は虚軸上のみを考慮すればよいので，一巡伝達関数も $W(j\omega)$ のみを描けばよい．半円上の虚軸部分（$s = j\omega$）を移動したときに，$\{1 + W(j\omega)\}$ のベクトルの位相が R 回変化することは，図8.2に示すように，$W(j\omega)$ を -1.0 点から

見たベクトルの位相が，−1.0 点まわりに R 回変化することと同じである．

当然，$\{1+W(j\omega)\}$ よりも一巡伝達関数 $W(j\omega)$ のベクトル軌跡を描く方が簡単であるので，安定判別には $W(j\omega)$ のベクトル軌跡を描けば良い．この一巡伝達関数 $W(j\omega)$ のベクトル軌跡は**ナイキスト線図**（Nyquist diagram）と呼ばれる．

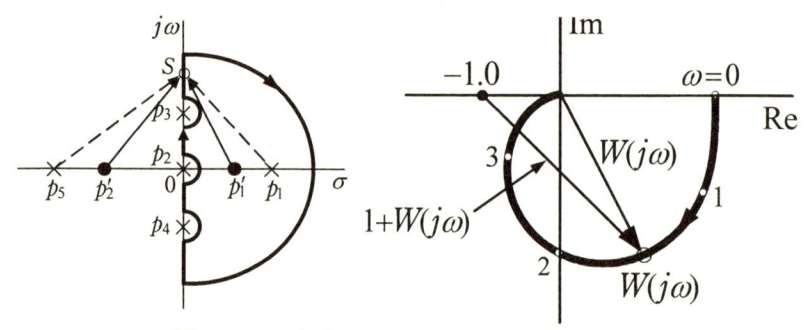

図 8.2 s 平面上の閉曲線とナイキスト線図

さて，実際の制御系においては，一巡伝達関数の極が不安定となる場合は少ない．この場合，右半面には極 p_k はないから $P=0$ となる．従って，閉ループが安定となるには $R=0$，すなわちナイキスト線図 $W(j\omega)$ が−1.0 の点のまわりを1回転しないことが条件となる．また，s を $-j\infty \to 0$ と移動したナイキスト線図と，s を $0 \to j\infty$ と移動したナイキスト線図とは実軸に対して対称形であるから，ナイキスト線図が−1.0 の点のまわりを1回転しないことの確認であれば，$s=j\omega$ で $\omega=0\sim\infty$ と移動するのみで十分である．このとき図 8.2 に示すようにナイキスト線図が常に−1.0 の点を左に見れば安定，右に見れば不安定となる．このように，実際の制御系では次のような簡略化されたナイキストの安定判別法が利用される．

簡略化されたナイキストの安定判別法

一巡伝達関数 $W(s)$ の極は右半面にはないとする．
$s=j\omega\,(\omega=0\sim\infty)$ と移動させたときにナイキスト線図 $W(j\omega)$ が −1.0 の点を常に左に見れば安定，右に見れば不安定である．

第8章 周波数領域における安定判別法

安定の場合には簡略化されたナイキスト線図において図8.3のように次の二つの安定指標が定義できる.

> **ゲイン余裕**（gain margin）
> ナイキスト線図の位相が－180°になったとき，大きさが1になるまでの余裕量（dB）
>
> **位相余裕**（phase margin）
> ナイキスト線図の大きさが1になったとき，位相が－180°になるまでの余裕量（deg）

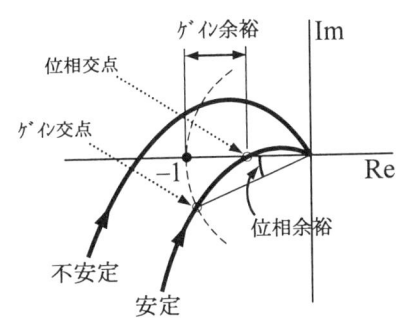

図8.3 簡略化安定判別法

具体的にナイキスト線図の例をみてみる．一巡伝達関数は

$$W(s) = \frac{8}{s^2 + 2s + 4}, \quad (\text{この式の極は} \quad s = -1 \pm j\sqrt{3}) \tag{8.8}$$

とした場合であるが，このナイキスト線図は既に図8.2に示したものである．この例では，ナイキスト線図は－1.0の点を常に左にみるので閉ループ制御系は安定である．

> **[演習8.1]** 演習6.1で検討した次の一巡伝達関数 $W(s)$ のベクトル軌跡 $W(j\omega)$（ナイキスト線図）を求めよ．ただし，$K=1$ とする．
> (a) $W(s) = \dfrac{2K}{s+2}$ 　　　 (b) $W(s) = \dfrac{10K}{s(s+10)}$
> (c) $W(s) = \dfrac{50K}{(s+1)(s+5)(s+10)}$ 　 (d) $W(s) = \dfrac{640K}{(s+10)(s^2+12s+64)}$

(**解答**)

演習 6.1 と同じデータで，同じ計算を実施する．ただし，作図は Excel ファイル "KMAP（ナイキスト線図）1B.xle" を用いる．

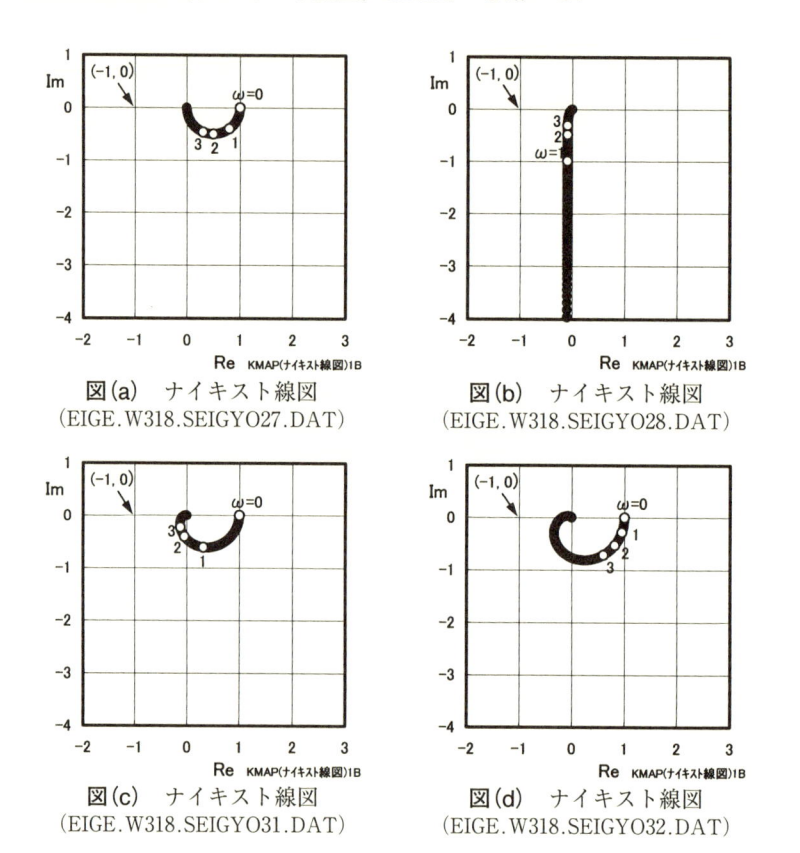

図(a) ナイキスト線図
(EIGE.W318.SEIGYO27.DAT)

図(b) ナイキスト線図
(EIGE.W318.SEIGYO28.DAT)

図(c) ナイキスト線図
(EIGE.W318.SEIGYO31.DAT)

図(d) ナイキスト線図
(EIGE.W318.SEIGYO32.DAT)

[**演習 8.2**] 次の一巡伝達関数 $W(s)$ のベクトル軌跡 $W(j\omega)$ （ナイキスト線図）を求め，安定，不安定を確かめよ．ただし，$K=1$ とする．

(a) $W(s) = \dfrac{60K(s+2)}{s(s+1)(s+3)(s+4)}$

(b) $W(s) = \dfrac{K(s+0.15)(s+0.3)}{s^2(s+0.07)(s+1)(s+2)}$

(**解答**)

(a) $W(s) = \dfrac{60K(s+2)}{s(s+1)(s+3)(s+4)} = 10K \dfrac{1}{s} \cdot \dfrac{1}{1+s} \cdot \dfrac{1}{1+0.333s} \cdot \dfrac{1+0.5s}{1+0.25s}$ と変形．

第8章　周波数領域における安定判別法

KMAP用のデータは次のようになる．

```
31  Z6=U1*G;                      0.1000E+01
32  Z7=Z6-Z14;
33  //(開ループ,根軌跡用ゲイン)(De)              (←根軌跡用ゲイン設定)
34  Z1={RGAIN(De)}Z7;
35  //(この Z1 がｺﾝﾄﾛｰﾙ入力)
36  Z10=Z1*G;                     0.1000E+02  (←ゲイン K に 10.0 設定)
37  Z11={1/S,t>=G}Z10X2;          0.0000E+00  (←積分設定)
38  Z12={1/(1+GS)}Z11X3;          0.1000E+01  (←1次遅れ設定)
39  Z13={1/(1+GS)}Z12X4;          0.3330E+00
40  Z14={(1+G2S)/(1+G1S)}Z13X5;   0.2500E+00  (←ﾘｰﾄﾞﾗｸﾞ設定)
41                                0.5000E+00
46  R6=Z14;  (Y4)                             (←閉ループ出力 Z14 設定)
```

(b)　$W(s) = \dfrac{K(s+0.15)(s+0.3)}{s^2(s+0.07)(s+1)(s+2)}$

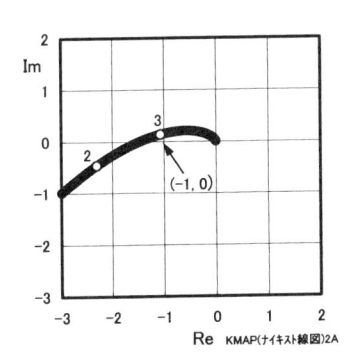

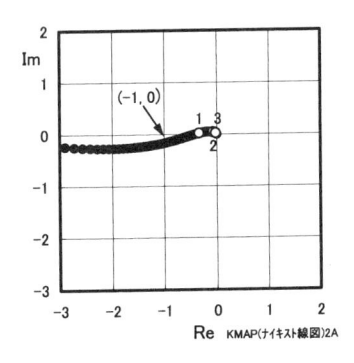

$\qquad = 0.321K \dfrac{1}{s} \cdot \dfrac{1}{s} \cdot \dfrac{1}{1+0.5s} \cdot \dfrac{1+6.67s}{1+14.3s} \cdot \dfrac{1+3.33s}{1+s}$　と変形．

図(a)　ナイキスト線図（不安定）　　　図(b)　ナイキスト線図（安定）
（EIGE.W318.SEIGYO46.DAT）　　　　　（EIGE.W318.SEIGYO47.DAT）

8.2　ボード線図による安定判別

　図8.3に示したナイキスト線図による安定判別の考え方を，一巡伝達関数 $W(j\omega)$ のベクトル軌跡の替わりに，ボード線図に適用して安定判別を行うことができる．具体的な計算例でボード線図による安定判別を説明する．一巡伝

達関数は

$$W(s) = \frac{160}{s^3 + 22s^2 + 44s + 80} \tag{8.9}$$

とする．この一巡伝達関数の極は $s = -1 \pm j\sqrt{3}$ および -20 で安定である．この一巡伝達関数のボード線図を図8.4に示す．ゲイン交点（ゲインが0dBの点）において位相余裕を持ち，また位相交点（位相が$-180°$の点）においてゲイン余裕を持つことから，この閉ループ制御系は安定である．

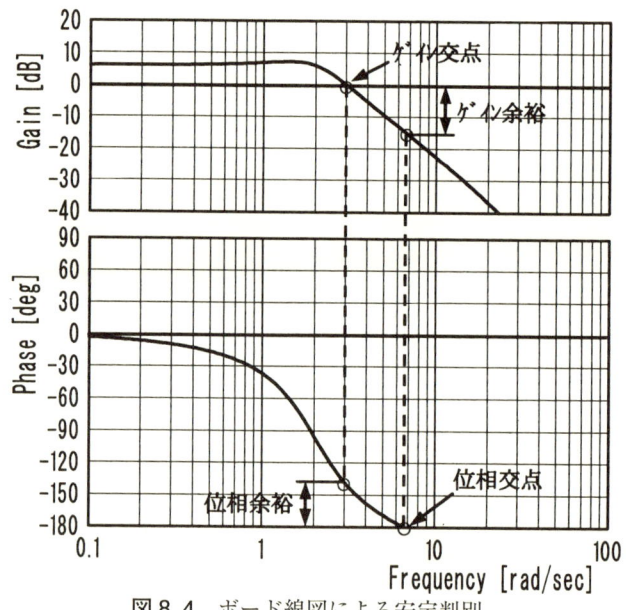

図 8.4 ボード線図による安定判別

[**演習 8.3**] 演習8.1で検討した次の一巡伝達関数 $W(s)$ のボード線図を求め，安定，不安定を確かめよ．ただし，$K=1$ とする．

(a) $W(s) = \dfrac{2K}{s+2}$ 　　　(b) $W(s) = \dfrac{10K}{s(s+10)}$

(c) $W(s) = \dfrac{50K}{(s+1)(s+5)(s+10)}$ 　　　(d) $W(s) = \dfrac{640K}{(s+10)(s^2+12s+64)}$

第 8 章　周波数領域における安定判別法

(解答)

演習 8.1 のインプットデータがそのまま使える．ただし，図は"KMAP（f 特，根軌跡）2B.xls"を用いる．

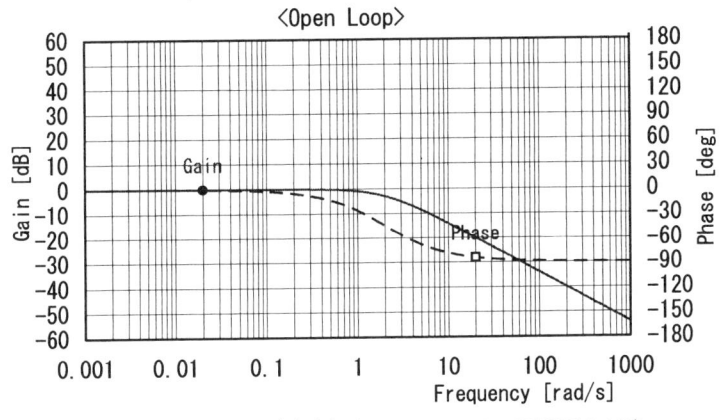

図(a)　ボード線図（安定）（EIGE.W318.SEIGYO27.DAT）

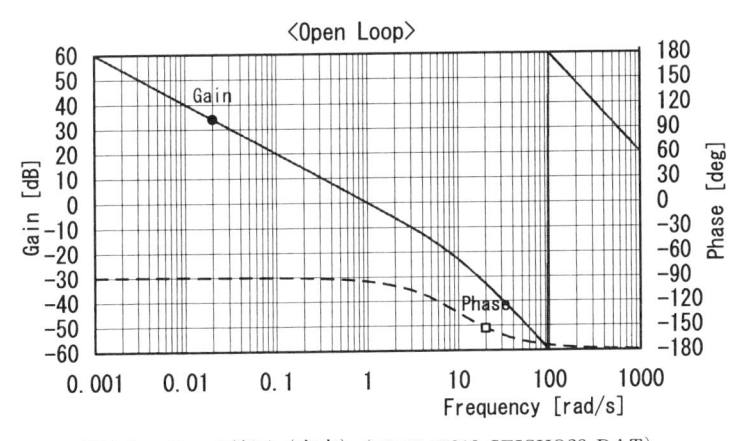

図(b)　ボード線図（安定）（EIGE.W318.SEIGYO28.DAT）

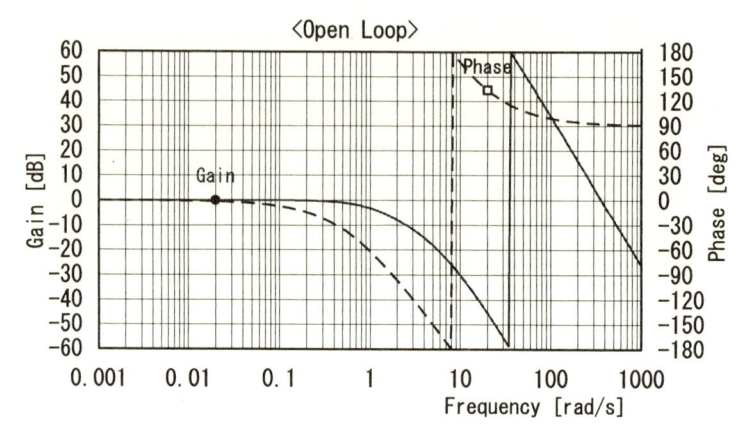

図(c) ボード線図（安定）（EIGE.W318.SEIGYO31.DAT）

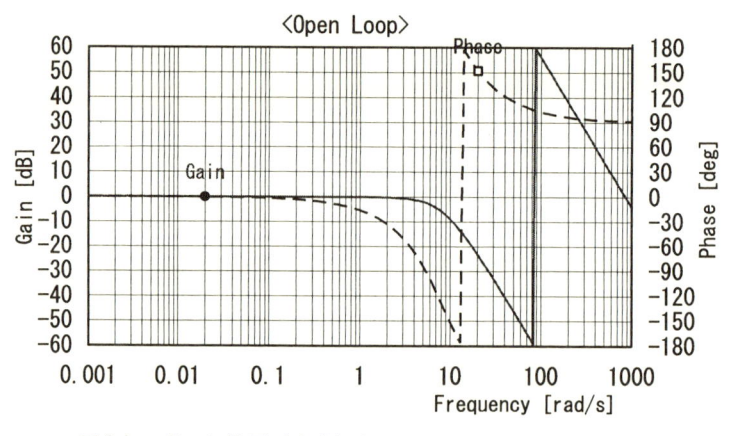

図(d) ボード線図（安定）（EIGE.W318.SEIGYO32.DAT）

[演習8.4] 演習8.2で検討した次の一巡伝達関数 $W(s)$ のボード線図を求め，安定，不安定を確かめよ．ただし，$K=1$ とする．

(a) $W(s) = \dfrac{60K(s+2)}{s(s+1)(s+3)(s+4)}$ (b) $W(s) = \dfrac{K(s+0.15)(s+0.3)}{s^2(s+0.07)(s+1)(s+2)}$

（解答）

演習8.2のインプットデータがそのまま使える．ただし，図は"KMAP (f 特，根軌跡) 2B.xls"を用いる．

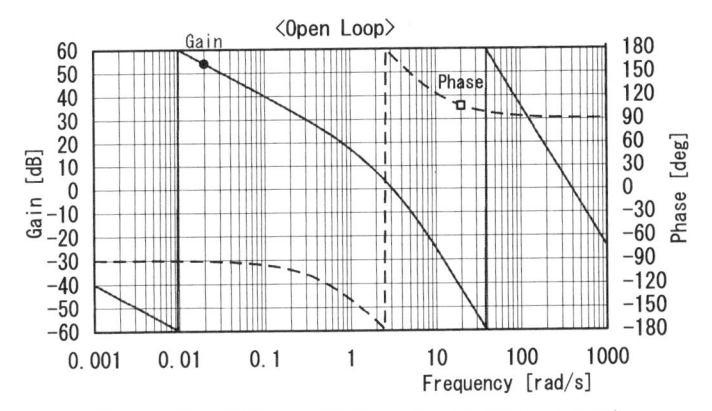

図(a) ボード線図（不安定，2.5rad/s で Gain>0dB）
（EIGE.W318.SEIGYO46.DAT）

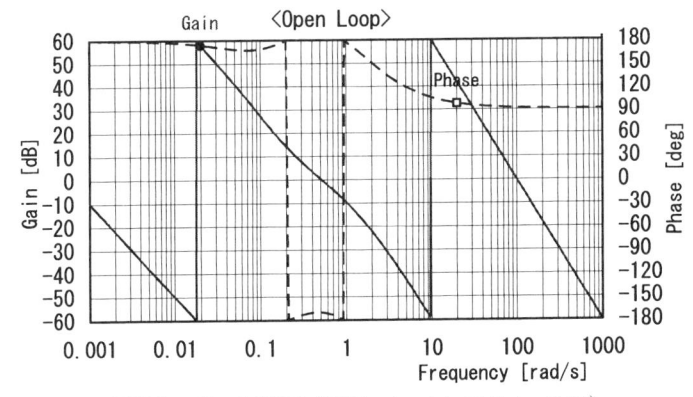

図(b) ボード線図（安定，1rad/s で Gain<0dB）
（EIGE.W318.SEIGYO47.DAT）

第 9 章　現代制御理論による解析法

　前章までは，古典制御理論による解析法について述べた．本章では，いわゆる現代制御理論による解析法について述べる．この解析法の特徴は，制御入力の数が 2 つ以上の制御系（多入力制御系）の取り扱いを容易にするため，状態方程式をベクトルと行列を用いて表し，時間領域のまま行列演算を駆使して解析していくものである．

9.1　最適レギュレータ（LQR 制御）

(1)　理　　論

　最適レギュレータは，現代制御理論の中で最も代表的な解法である．いま次式で表される制御対象を考える．

$$\begin{cases} \dot{x} = Ax + Bu \\ y = Cx \end{cases} \tag{9.1}$$

ここで，x は状態変数ベクトル，u は制御入力ベクトル，A はシステム状態行列，B は制御入力行列，C は出力行列である．

　いま，次式で表される 2 次形式評価関数

$$J = \int_0^\infty (x^T Q x + u^T R u)\, dt \quad (Q,\ R \text{ は正値対称の重み行列}) \tag{9.2}$$

を考える．評価関数に出力 y を用いる場合は

$$y^T Q_y y = x^T C^T Q_y C x \tag{9.3}$$

であるので，Q_y を重み行列として

$$Q = C^T Q_y C \tag{9.4}$$

の関係を用いる．

　さて，(9.2)式を最小にする制御入力ベクトル u を求める．これは，(9.1)

式を拘束条件とする最小化問題であるから，ラグランジュの未定乗数法を用いて次式を考える[11]．

$$J_1 = \int_0^T \{x^T Q x + u^T R u + p^T(Ax + Bu - \dot{x})\} dt \tag{9.5}$$

ただし，$p(t)$ は未定乗数ベクトルである．被積分関数を次式

$$F = x^T Q x + u^T R u + p^T(Ax + Bu - \dot{x}) \tag{9.6}$$

とおき，変分法のオイラーの方程式

$$\frac{d}{dt}\left(\frac{\partial F}{\partial \dot{x}}\right) = \frac{\partial F}{\partial x}, \quad \frac{d}{dt}\left(\frac{\partial F}{\partial \dot{u}}\right) = \frac{\partial F}{\partial u} \tag{9.7}$$

を適用すると次式を得る．

$$-\dot{p} = Qx + A^T p, \quad 0 = Ru + B^T p, \quad \therefore \quad u = -R^{-1} B^T p \tag{9.8}$$

(9.8)式と (9.1)式から

$$\begin{bmatrix} \dot{x} \\ \dot{p} \end{bmatrix} = \begin{bmatrix} A & -BR^{-1}B^T \\ -Q & -A^T \end{bmatrix} \begin{bmatrix} x \\ p \end{bmatrix} \tag{9.9}$$

と表せる．(9.8)式の制御入力 u としては状態変数 x のフィードバックとして求めたいので次のようにおく．

$$p(t) = P(t)x(t) \tag{9.10}$$

このとき，(9.9)式から

$$\dot{x} = Ax - BR^{-1}B^T P x, \quad \dot{P}x + P\dot{x} = -Qx - A^T P x \tag{9.11}$$

となる．(9.11)式の第2式に第1式を代入すると次式が得られる．

$$(\dot{P} + PA + A^T P - PBR^{-1}B^T P + Q)x = 0 \tag{9.12}$$

この式が x の種々の初期状態に対して常に成り立つための条件として

$$\dot{P} + PA + A^T P - PBR^{-1}B^T P + Q = 0 \tag{9.13}$$

を得る．この方程式を**リカッチ方程式**（Riccati equation）という．

ここで，(9.5)式の有限時間 $0 \sim T$ の評価関数において，T を ∞ とすると，$P(\infty)$ は有限の定数に収束する．これを改めて P と書くと，(9.2)式の無限時間の評価関数を最小とするフィードバック制御則が次式で与えられる．

$$\boxed{u = -R^{-1}B^T P x} \tag{9.14}$$

この式の P は次式の代数形行列リカッチ方程式

$$\boxed{PA + A^T P - PBR^{-1}B^T P + Q = 0} \tag{9.15}$$

の正値対称な解である．(9.14)式および (9.15)式で与えられるフィードバック制御系は**最適レギュレータ**といわれる．また，(9.2)式の2次形式評価関数

を用いて状態フィードバック（全ての状態変数をフィードバック）制御則を構成する制御系を**線形2次形式レギュレータ**（linear quadratic regulator, LQR）という．

(2) KMAPによる演算方法

実際にKMAPにより最適レギュレータを設計する場合には，以下のように行う．まず状態方程式と応答を次のようにおく．

$$\begin{cases} \dot{x} = A_p x + B_2 z_u \\ y = C_p x \end{cases} \tag{9.16}$$

ここで，x は状態変数ベクトル，z_u は制御入力ベクトル，y は評価関数用応答ベクトル，A_p はシステム状態行列，B_2 は制御入力行列，C_p は評価関数用応答設定行列で，KMAP演算用のインプットデータとして A_p, B_2 および C_p を設定する．このとき，評価関数は

$$J = \int_0^\infty \left(y^T Q_y y + z_u^T R z_u \right) dt \tag{9.17}$$

である．ここで，重み行列 Q_y は次の関係がある．

$$y^T Q_y y = x^T Q x, \quad Q = C_p^T Q_y C_p \tag{9.18}$$

なお，KMAPでは，重み行列 Q_y および R を演算の中でキーインして設定する．また，最適レギュレータ演算は，インプットデータに下記を記述することにより実行される．

　　　　{OptC(AP,B2,CP)1} I4J2K4;

ここで，中括弧{ }の部分はそのまま記述し，括弧後ろのI，JおよびKの後の番号に，x, z_u および y ベクトルの次元数を記述する．

[演習9.1] 航空機の空機の横・方向系の機体ダイナミクスが(1)式の状態方程式で与えられるとき，下図に示す p コマンドの制御系を最適レギュレータ（LQR）法により設計せよ．

$$\dot{x}(t) = A_p x(t) + B_2 z_u(t), \quad y(t) = C_p x(t) \tag{1}$$

ここで，$x(t)$ は状態変数ベクトル（β：横滑り角，p：ロール角速度，r：ヨー角速度，ϕ：ロール角），$z_u(t)$ は制御入力ベクトル，y は評価関数用応答ベクトル，A_p はシステム状態行列，B_2 は制御入力行列であり次式のデータとする[3]．なお，C_p は評価関数用応答設定行列である．

$$x = \begin{bmatrix} \beta \\ p \\ r \\ \phi \end{bmatrix}, z_u = \begin{bmatrix} \delta a \\ \delta r \end{bmatrix}, A_p = \begin{bmatrix} -0.0980 & 0.0982 & -1 & 0.1124 \\ -1.579 & -1.124 & 0.237 & 0 \\ 0.315 & -0.1172 & -0.233 & 0 \\ 0 & 1 & 0.0985 & 0 \end{bmatrix}, B_2 = \begin{bmatrix} 0 & 0.01780 \\ -0.332 & 0.0347 \\ -0.0209 & -0.250 \\ 0 & 0 \end{bmatrix} \tag{2}$$

(ブロック図: p_m, e, $-G_{1p}$, $-G_{2p}$, δa, δr, 機体ダイナミクス, x, $[-G_{2\beta}, -G_{2r}, -G_{2\phi}]$, $[-G_{1\beta}, -G_{1r}, -G_{1\phi}]$, β, p, r, ϕ, p)

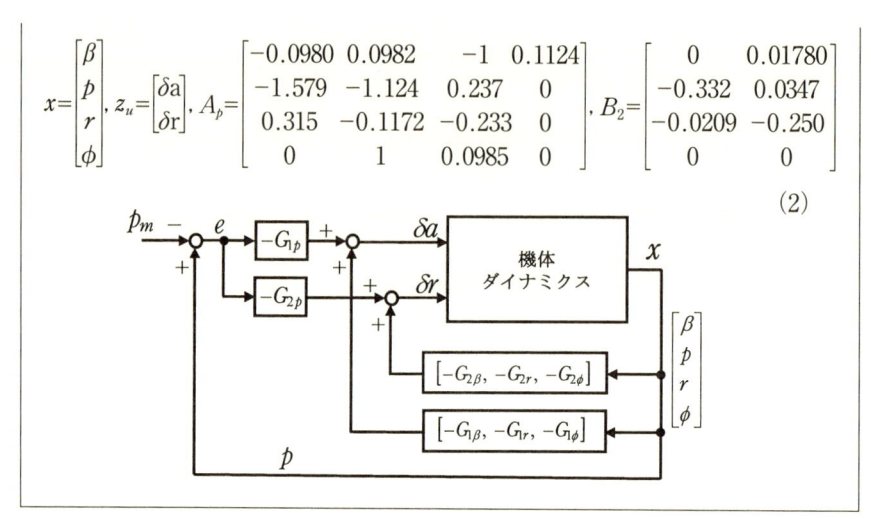

(解答)

(1) インプットデータ

評価関数用の応答ベクトル y を次のようにおく.

$$y = \begin{bmatrix} \beta \\ p \end{bmatrix} = C_p x, \quad \therefore \quad C_p = \begin{bmatrix} 1 & 0 & 0 & 0 \\ 0 & 1 & 0 & 0 \end{bmatrix} \tag{3}$$

このとき評価関数は次式で与える.

$$J = \int_0^\infty (y^T Q_y y + z_u^T R z_u) dt \tag{4}$$

インプットデータの主要な部分を以下に示す.（インプットデータの作成については，第 10 章の KMAP の使い方を参照）

```
31   //AP,B2 行列データ設定
32   AP(I1,J1);              -0.9800E-01    (←AP 行列を設定)
33   AP(I1,J2);               0.9820E-01
34   AP(I1,J3);              -0.1000E+01
35   AP(I1,J4);               0.1124E+00
36   AP(I2,J1);              -0.1579E+01
37   AP(I2,J2);              -0.1124E+01
38   AP(I2,J3);               0.2370E+00
39   AP(I3,J1);               0.3150E+00
40   AP(I3,J2);              -0.1172E+00
41   AP(I3,J3);              -0.2330E+00
42   AP(I4,J2);               0.1000E+01
43   AP(I4,J3);               0.9850E-01
44   //(コントロール入力)=(Z1,Z3,Z5)
45   B2(I1,J2);               0.1780E-01    (←B2 行列を設定)
46   B2(I2,J1);              -0.3320E+00
```

第9章 現代制御理論による解析法

```
47  B2(I2,J2);                   0.3470E-01
48  B2(I3,J1);                  -0.2090E-01
49  B2(I3,J2);                  -0.2500E+00
50  //
51  CP(I1,J1);                   0.1000E+01    (←CP 行列を設定)
52  CP(I2,J2);                   0.1000E+01
53  //
54  {OptC(AP,B2,CP)1}I4J2K2;                   (←最適レギュレータ演算)
55  Z19=U1*G;                    0.1000E+01
56  Z10=Z7-Z19; (p-pm)                         (←(p-pm) を設定)
57  Z11=Z6*H1;                                 (←ゲインは H1～H8)
58  Z12=Z10*H2;                                (←x1～x4 は Z6～Z9)
59  Z13=Z8*H3;
60  Z14=Z9*H4;
61  Z15=Z11+Z12;
62  Z16=Z15+Z13;
63  Z17=Z16+Z14;
64  Z18=Z17*G; (Da F/B)         -0.1000E+01    (←δa フィードバック)
65  Z1={RGAIN(De)}Z18;                         (←δa 根軌跡用ゲイン)
66  //
67  Z21=Z6*H5;
68  Z22=Z10*H6;
69  Z23=Z8*H7;
70  Z24=Z9*H8;
71  Z25=Z21+Z22;
72  Z26=Z25+Z23;
73  Z27=Z26+Z24;
74  Z28=Z27*G; (Dr F/B)         -0.1000E+01    (←δr フィードバック)
75  Z3={RGAIN(Df)}Z28;                         (←δr 根軌跡用ゲイン)

83  Z191=Z7*G; (p)               0.1000E+01    (←シミュレーション表示用変数設定)
84  Z192=Z6*G; (BETA)            0.1000E+01
85  Z193=Z19*G; (pc)             0.1000E+01
```

(このデータの全体は EIGE.W318.SEIGY040.DAT)(フィードバック有り)

(2) 解 析 結 果

評価関数の重みは，演算の中で設定する．解析結果を以下に示す．

```
----(INPUT)---- NAERO=110
  (NAERO=110) Z1 (閉ループ)
 (入力) Uj, j=1:(U1)  /  (出力) Ri, i=4:(R6), 5:(R7), ‥‥
----(INPUT)---- Uj, j=1
----(INPUT)---- Ri, i=5
----〈最適レギュレータ〉(重み Qy,R) ----
[ 1]....Qy( 1, 1)=  0.1000000E+01
[ 2]....Qy( 2, 2)=  0.1000000E+04
[ 3].... R( 1, 1)=  0.1000000E+01
[ 4].... R( 2, 2)=  0.1000000E+01
```

```
    ----(INPUT)---- CHNG?=0
    ....AP.......  NI=  4   NJ=  4
    -0.9800D-01     0.9820D-01    -0.1000D+01     0.1124D+00
    -0.1579D+01    -0.1124D+01     0.2370D+00     0.0000D+00
     0.3150D+00    -0.1172D+00    -0.2330D+00     0.0000D+00
     0.0000D+00     0.1000D+01     0.9850D-01     0.0000D+00

    ....B2.......  NI=  4   NJ=  2
     0.0000D+00     0.1780D-01
    -0.3320D+00     0.3470D-01
    -0.2090D-01    -0.2500D+00
     0.0000D+00     0.0000D+00

    ....CP.......  NI=  2   NJ=  4
     0.1000D+01     0.0000D+00     0.0000D+00     0.0000D+00
     0.0000D+00     0.1000D+01     0.0000D+00     0.0000D+00

    F;(u=-F・X)...  NI=  2   NJ=  4
     0.4227D+01    -0.2837D+02    -0.1176D+01    -0.6060D+00
     0.3031D+01     0.2112D+01    -0.4111D+01     0.3984D+00


********(フィードバック前の極チェック)**********
POLES( 4), EIVMAX=  0.122D+01
  N       REAL               IMAG
  1   -0.12249073D+01    0.00000000D+00
  2   -0.96798228D-01   -0.77099586D+00
  3   -0.96798228D-01    0.77099586D+00
  4   -0.36496157D-01    0.00000000D+00
***********************************************
(以下の解析結果はインプットデータの制御則による)
***** POLES AND ZEROS *****
POLES( 4), EIVMAX=  0.106D+02
  N       REAL               IMAG
  1   -0.10594121D+02    0.00000000D+00
  2   -0.72369927D+00   -0.87264137D+00
  3   -0.72369927D+00    0.87264137D+00
  4   -0.10924835D-01    0.00000000D+00
ZEROS( 3), II/JJ= 5/ 1, G=  0.949D+01
  N       REAL               IMAG
  1   -0.72336104D+00   -0.86892007D+00
  2   -0.72336104D+00    0.86892007D+00
  3    0.10541502D-01    0.00000000D+00
```

第9章 現代制御理論による解析法

この場合の極・零点配置を図(a)に示す．

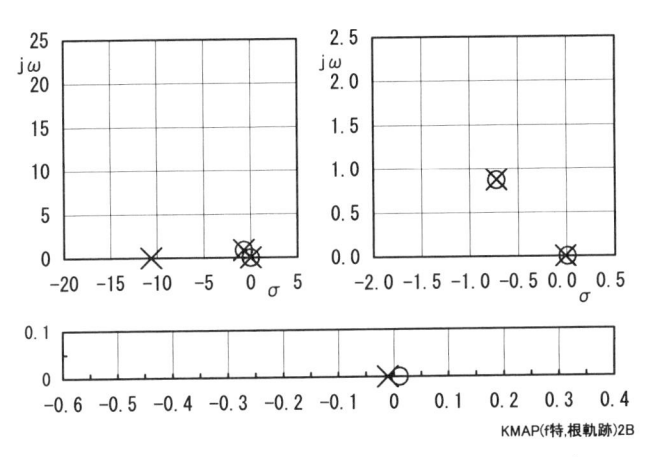

図(a) 最適レギュレータによる$p/\delta a$の極・零点
(Q11/Q22=1/1000) (EIGE.W318.SEIGYO40.DAT)

シミュレーション結果を図(b)に示す．

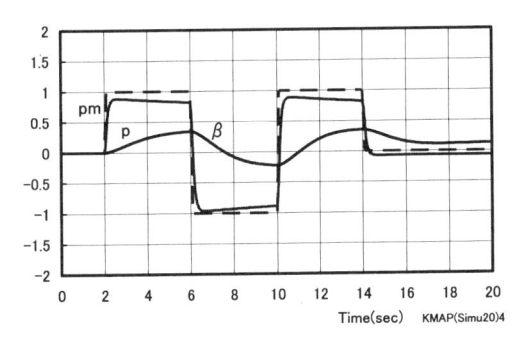

図(b) 最適レギュレータによるpコマンド応答

参考に，フィードバック前の極・零点配置およびシミュレーション結果を以下に示す．

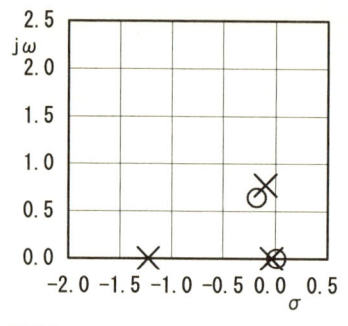

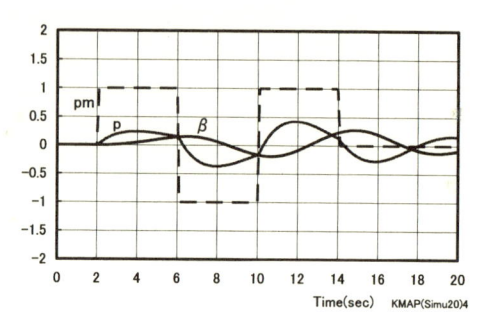

図(c)　フィードバック前の $p/\delta a$
(EIGE.W318.SEIGYO39.DAT)

図(d)　フィードバック前の p コマンド応答

[演習9.2]　演習9.1ではロール角速度 p コマンドの制御系を検討したが，同じ機体データを用いて，下図に示すロール角 ϕ コマンドの制御系を最適レギュレータ（LQR）法により設計せよ．

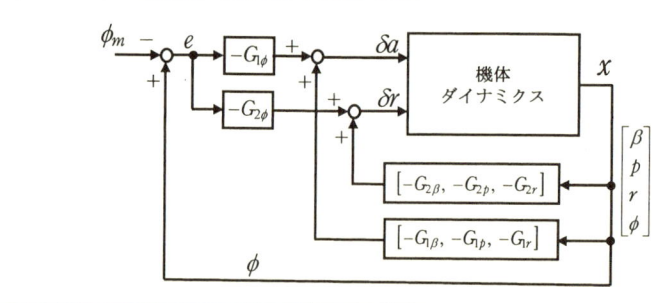

(解答)

(1)　インプットデータ

評価関数用の応答ベクトル y を次のようにおく．

$$y = \begin{bmatrix} \beta \\ \phi \end{bmatrix} = C_p x, \quad \therefore \quad C_p = \begin{bmatrix} 1 & 0 & 0 & 0 \\ 0 & 0 & 0 & 1 \end{bmatrix} \tag{1}$$

このとき評価関数は次式で与える．

$$J = \int_0^\infty (y^T Q_y y + z_u^T R z_u) dt \tag{2}$$

第9章 現代制御理論による解析法

インプットデータの主要な部分を以下に示す.

```
31  //AP,B2 行列データ設定
32  AP(I1,J1);                    -0.9800E-01    (←AP 行列を設定)
33  AP(I1,J2);                     0.9820E-01
34  AP(I1,J3);                    -0.1000E+01
35  AP(I1,J4);                     0.1124E+00
36  AP(I2,J1);                    -0.1579E+01
37  AP(I2,J2);                    -0.1124E+01
38  AP(I2,J3);                     0.2370E+00
39  AP(I3,J1);                     0.3150E+00
40  AP(I3,J2);                    -0.1172E+00
41  AP(I3,J3);                    -0.2330E+00
42  AP(I4,J2);                     0.1000E+01
43  AP(I4,J3);                     0.9850E-01
44  //(コントロール入力)=(Z1,Z3,Z5)
45  B2(I1,J2);                     0.1780E-01    (←B2 行列を設定)
46  B2(I2,J1);                    -0.3320E+00
47  B2(I2,J2);                     0.3470E-01
48  B2(I3,J1);                    -0.2090E-01
49  B2(I3,J2);                    -0.2500E+00
50  //
51  CP(I1,J1);                     0.1000E+01    (←CP 行列を設定)
52  CP(I2,J4);                     0.1000E+01
53  //
54  {OptC(AP,B2,CP)1}I4J2K2;                     (←最適レギュレータ演算)
55  Z19=U1*G;                      0.1000E+01
56  Z10=Z9-Z19; (PHI-PHIm)                       (←(φ-φm)を設定)
57  Z11=Z6*H1;                                   (←ゲインは H1～H8)
58  Z12=Z7*H2;                                   (←x1～x4 は Z6～Z9)
59  Z13=Z8*H3;
60  Z14=Z10*H4;
61  Z15=Z11+Z12;
62  Z16=Z15+Z13;
63  Z17=Z16+Z14;
64  Z18=Z17*G; (Da F/B)           -0.1000E+01    (←δa フィードバック)
65  Z1={RGAIN(De)}Z18;                           (←δa 根軌跡用ゲイン)
66  //
67  Z21=Z6*H5;
68  Z22=Z7*H6;
69  Z23=Z8*H7;
70  Z24=Z10*H8;
71  Z25=Z21+Z22;
72  Z26=Z25+Z23;
73  Z27=Z26+Z24;
74  Z28=Z27*G; (Dr F/B)           -0.1000E+01    (←δr フィードバック)
75  Z3={RGAIN(Df)}Z28;                           (←δr 根軌跡用ゲイン)

83  Z191=Z9*G; (PHI)               0.1000E+01    (←シミュレーション表示用変数設定)
84  Z192=Z6*G; (BETA)              0.1000E+01
85  Z193=Z19*G; (PHIm)             0.1000E+01
```

(このデータの全体は EIGE.W318.SEIGY041.DAT)

(2) 解析結果

評価関数の重みは，演算の中で設定する．解析結果を以下に示す．

```
----(INPUT)----   Qy11=100
----<最適レギュレータ>（重み Qy,R）----
[ 1]....Qy( 1, 1)=  0.1000000E+01
[ 2]....Qy( 2, 2)=  0.1000000E+03
[ 3]....R ( 1, 1)=  0.1000000E+01
[ 4]....R ( 2, 2)=  0.1000000E+01
----(INPUT)---- CHNG?=0
....AP......   NI=  4  NJ=  4
 -0.9800D-01    0.9820D-01   -0.1000D+01    0.1124D+00
 -0.1579D+01   -0.1124D+01    0.2370D+00    0.0000D+00
  0.3150D+00   -0.1172D+00   -0.2330D+00    0.0000D+00
  0.0000D+00    0.1000D+01    0.9850D-01    0.0000D+00

....B2......   NI=  4  NJ=  2
  0.0000D+00    0.1780D-01
 -0.3320D+00    0.3470D-01
 -0.2090D-01   -0.2500D+00
  0.0000D+00    0.0000D+00

....CP......   NI=  2  NJ=  4
  0.1000D+01    0.0000D+00    0.0000D+00    0.0000D+00
  0.0000D+00    0.0000D+00    0.0000D+00    0.1000D+01

<O MATRIX>...  NI=  4  NJ=  4
 -0.1247D-05   -0.8929D-06   -0.8096D-06   -0.2200D-05
  0.1801D-06    0.1476D-06   -0.3839D-07   -0.1788D-05
  0.4696D-07    0.4881D-06    0.3443D-06    0.4830D-06
  0.8806D-06    0.3594D-05    0.9210D-06    0.4084D-05

F;(u=-F・X)... NI=  2  NJ=  4
  0.3587D+01   -0.4694D+01   -0.2149D+01   -0.9717D+01
  0.2989D+01   -0.1064D+01   -0.4065D+01   -0.1467D+01

********（フィードバック前の極チェック）**********
POLES( 4), EIVMAX=  0.122D+01
  N      REAL            IMAG
  1   -0.12249073D+01   0.00000000D+00
  2   -0.96798228D-01  -0.77099586D+00
  3   -0.96798228D-01   0.77099586D+00
  4   -0.36496157D-01   0.00000000D+00
**********************************************
（以下の解析結果はインプットデータの制御則による）
***** POLES AND ZEROS *****
POLES( 4), EIVMAX=  0.173D+01
  N      REAL            IMAG
  1   -0.13504923D+01  -0.10844217D+01
  2   -0.13504923D+01   0.10844217D+01
  3   -0.69493398D+00  -0.98225954D+00
  4   -0.69493398D+00   0.98225954D+00
ZEROS( 2), II/JJ= 7/ 1, G=  0.323D+01
  N      REAL            IMAG
  1   -0.68304241D+00  -0.92370570D+00
  2   -0.68304241D+00   0.92370570D+00
```

第9章 現代制御理論による解析法

このときの極・零点配置を図(a)に示す．また，シミュレーション結果を図(b)に示す．

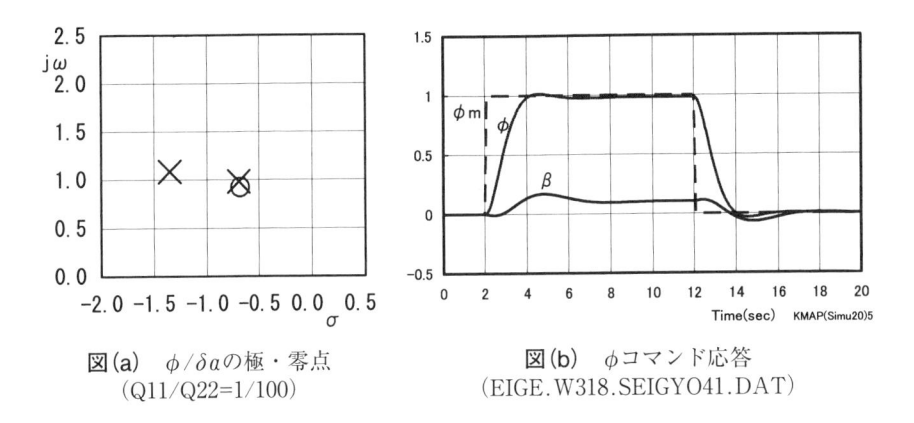

図(a) $\phi/\delta a$の極・零点
(Q11/Q22=1/100)

図(b) ϕコマンド応答
(EIGE.W318.SEIGYO41.DAT)

9.2 サーボ系（LQI制御）

(1) 理　論

目標入力がステップ状に変化した場合に，定常偏差なく目標値に追従するサーボ系を最適制御により設計する．そのため，図9.1に示すように，制御量と目標値の差の積分を状態方程式に追加する．

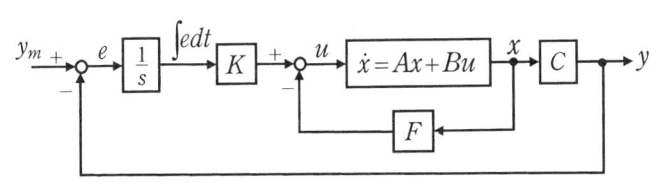

図9.1 サーボ系のブロック図

いま，制御対象の状態方程式を次式とする．

$$\dot{x} = Ax + Bu \tag{9.19}$$

ここで，xはn次元状態変数ベクトル，uはr次元制御入力ベクトル，Aはシステム状態行列（$n \times n$），Bは制御入力行列（$n \times r$）である．また，目標入力に追従させる制御量yは

$$y = Cx \tag{9.20}$$

と表される r 次元ベクトルとし，C は出力行列 $(r \times n)$ とする．目標値 y_m と制御変数 y の差を

$$e = y_m - y = y_m - Cx \tag{9.21}$$

とおくと，この積分を状態方程式に加えた拡大系の状態方程式が次のように表される．

$$\begin{bmatrix} \dot{x} \\ e \end{bmatrix} = \begin{bmatrix} A & 0 \\ -C & 0 \end{bmatrix} \begin{bmatrix} x \\ \int e dt \end{bmatrix} + \begin{bmatrix} B \\ 0 \end{bmatrix} u + \begin{bmatrix} 0 \\ I \end{bmatrix} y_m \tag{9.22}$$

安定化のためのフィードバックは次式である．

$$u = -Fx + K \int e dt \tag{9.23}$$

(9.22)式を直接最適レギュレータ問題で解こうとすると，$t \to \infty$ で状態変数が一定値となるため評価関数が発散してしまう．そこで，状態変数の定常値からの偏差を変数とする状態方程式を導く[15]．

(9.23)式を微分すると次式を得る．

$$\begin{aligned} \dot{u} &= -F\dot{x} + Ke = -F(Ax + Bu) + K(y_m - Cx) \\ &= -(FA + KC)x - FBu + Ky_m \\ &= -[F \ K] \cdot \begin{bmatrix} A & B \\ C & 0 \end{bmatrix} \cdot \begin{bmatrix} x \\ u \end{bmatrix} + Ky_m \end{aligned} \tag{9.24}$$

(9.19)式と組み合わせるとこの閉ループは次のように表せる．

$$\begin{bmatrix} \dot{x} \\ \dot{u} \end{bmatrix} = \begin{bmatrix} I & 0 \\ -F & -K \end{bmatrix} \cdot \begin{bmatrix} A & B \\ C & 0 \end{bmatrix} \cdot \begin{bmatrix} x \\ u \end{bmatrix} + \begin{bmatrix} 0 \\ Ky_m \end{bmatrix} \tag{9.25}$$

ここで，$t \to \infty$ で $\dot{x}(\infty) = 0$ および $\dot{u}(\infty) = 0$，また $x(\infty)$ および $u(\infty)$ は一定値とすると，(9.25)式から

$$\begin{bmatrix} x(\infty) \\ u(\infty) \end{bmatrix} = -\begin{bmatrix} A & B \\ C & 0 \end{bmatrix}^{-1} \cdot \begin{bmatrix} I & 0 \\ -F & -K \end{bmatrix}^{-1} \cdot \begin{bmatrix} 0 \\ Ky_m \end{bmatrix} \tag{9.26}$$

となるが，

$$\begin{bmatrix} I & 0 \\ -F & -K \end{bmatrix}^{-1} = \begin{bmatrix} I & 0 \\ -K^{-1}F & -K^{-1} \end{bmatrix} \tag{9.27}$$

に注意すると，(9.26)式は次のように表される．

$$\begin{bmatrix} x(\infty) \\ u(\infty) \end{bmatrix} = \begin{bmatrix} A & B \\ C & 0 \end{bmatrix}^{-1} \cdot \begin{bmatrix} 0 \\ y_m \end{bmatrix} \tag{9.28}$$

この式を用いて定常値からの偏差の状態方程式を求める．いま，偏差を

$$\tilde{x}(t) = x(t) - x(\infty), \quad \tilde{u}(t) = u(t) - u(\infty) \tag{9.29}$$

とおくと，(9.25)式と (9.28)式から次式が得られる．

$$\begin{aligned}
\begin{bmatrix} \dot{\tilde{x}} \\ \dot{\tilde{u}} \end{bmatrix} &= \begin{bmatrix} I & 0 \\ -F & -K \end{bmatrix} \cdot \begin{bmatrix} A & B \\ C & 0 \end{bmatrix} \cdot \begin{bmatrix} \tilde{x} + x(\infty) \\ \tilde{u} + u(\infty) \end{bmatrix} + \begin{bmatrix} 0 \\ Ky_m \end{bmatrix} \\
&= \begin{bmatrix} I & 0 \\ -F & -K \end{bmatrix} \cdot \begin{bmatrix} A & B \\ C & 0 \end{bmatrix} \cdot \begin{bmatrix} \tilde{x} \\ \tilde{u} \end{bmatrix} + \begin{bmatrix} I & 0 \\ -F & -K \end{bmatrix} \cdot \begin{bmatrix} A & B \\ C & 0 \end{bmatrix} \cdot \begin{bmatrix} x(\infty) \\ u(\infty) \end{bmatrix} + \begin{bmatrix} 0 \\ Ky_m \end{bmatrix} \\
&= \begin{bmatrix} I & 0 \\ -F & -K \end{bmatrix} \cdot \begin{bmatrix} A & B \\ C & 0 \end{bmatrix} \cdot \begin{bmatrix} \tilde{x} \\ \tilde{u} \end{bmatrix} \quad = \begin{bmatrix} A & B \\ -\tilde{F} \end{bmatrix} \cdot \begin{bmatrix} \tilde{x} \\ \tilde{u} \end{bmatrix}
\end{aligned} \tag{9.30}$$

ただし，

$$\tilde{F} = [F \ K] \cdot \begin{bmatrix} A & B \\ C & 0 \end{bmatrix} \tag{9.31}$$

である．次に，

$$w = -\tilde{F}z, \quad z = \begin{bmatrix} \tilde{x} \\ \tilde{u} \end{bmatrix} \tag{9.32}$$

とおいて，この式を (9.30)式に代入すると次式が得られる．

$$\dot{z} = \begin{bmatrix} A & B \\ 0 & 0 \end{bmatrix} z + \begin{bmatrix} 0 \\ I \end{bmatrix} w \tag{9.33}$$

この式は，z を $(n+r)$ 次元状態変数ベクトル，w を r 次元制御入力とした状態方程式であるから，次の評価関数

$$J = \int_0^\infty (z^T Q z + w^T R w) dt \tag{9.34}$$

を最小とする状態フィードバックゲイン $\tilde{F}$ が，最適レギュレータと同様に得られる．その結果，(9.31)式からゲイン F および K が次のように得られる．

$$[F \ K] = \tilde{F} \cdot \begin{bmatrix} A & B \\ C & 0 \end{bmatrix}^{-1}, \quad \left(\begin{bmatrix} A & B \\ C & 0 \end{bmatrix} : (n+r) \times (n+r) \text{行列} \right) \tag{9.35}$$

このフィードバックゲインを用いた制御則は (9.23)式である．このようにして得られるフィードバック制御系は**線形２次形式積分** (linear quadratic integral, LQI) **制御系**という．

(2) KMAPによる演算方法

実際にKMAPによりLQI制御系を設計するには，以下のように行う．ま

ず，制御対象の状態方程式

$$\begin{cases} \dot{x} = A_p x + B_2 z_u \\ y = C_p x \end{cases} \quad (9.36)$$

を設定する．ここで，x は状態変数ベクトル，z_u は制御入力ベクトル，y は評価関数用応答ベクトル，A_p はシステム状態行列，B_2 は制御入力行列，C_p は制御変数設定行列で，KMAP演算用のインプットデータとして A_p，B_2 および C_p を設定する．

LQI法の演算は，インプットデータに下記を記述することにより実行される．

　　　　{OptC (AP,B2,CP) 5} I2J1K1;

ここで，中括弧{ }の部分はそのまま記述し，括弧後ろのI，JおよびKの後の番号に，x，z_u および y ベクトルの次元数を記述する．KMAPで出力されるフィードバックゲインは，一般データHiに次のような形式で格納される．

　　　　H1=F_1，…，Hn=F_n，H(n+1)=K_1，…，H(n+r)=K_r

従って，(9.23)式の制御則としては次のように設定する．

$$u = -[H_1 \cdots H_n]x + [H_{n+1} \cdots H_{n+r}] \cdot \int e \, dt \quad (9.37)$$

評価関数の重み行列 Q_y および R は，最適レギュレータと同様に，演算の中でキーインして設定する．

[演習9.3] 状態方程式が次式で与えられるシステムについて，y の応答を目標入力 y_m のステップ応答に追従するサーボ系をLQI制御系として設計せよ．

$$\dot{x}(t) = A_p x(t) + B_2 z_u(t), \quad y(t) = C_p x(t) \quad (1)$$

ここで，$A_p = \begin{bmatrix} 0 & 1 \\ -8 & 4 \end{bmatrix}$，$B_2 = \begin{bmatrix} 0 \\ 1 \end{bmatrix}$，$C_p = [1\ 0]$，$x = \begin{bmatrix} x_1 \\ x_2 \end{bmatrix} \quad (2)$

なお，z_u は制御入力（1入力）である．

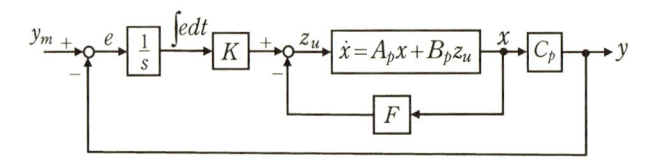

$$y_m \xrightarrow{+} \xrightarrow{e} \boxed{\tfrac{1}{s}} \xrightarrow{\int e\,dt} \boxed{K} \xrightarrow{+} \xrightarrow{z_u} \boxed{\dot{x}=A_p x + B_p z_u} \xrightarrow{x} \boxed{C_p} \xrightarrow{} y$$

（フィードバック：F）

第9章 現代制御理論による解析法　　87

(解答)

(1) インプットデータ

インプットデータの主要な部分を以下に示す.

```
31  //AP,B2 行列データ設定
32  AP(I1,J2);                         0.1000E+01   (←AP 行列を設定)
33  AP(I2,J1);                        -0.8000E+01
34  AP(I2,J2);                        -0.4000E+01
35  //
36  //(コントロール入力)=(Z1,Z3,Z5)
37  B2(I2,J1);                         0.1000E+01   (←B2 行列を設定)
38  //
39  CP(I1,J1);                         0.1000E+01   (←CP 行列を設定)
40  //最適制御
41  {OptC(AP,B2,CP)5}I2J1K1;                        (←LQI 法の演算)
42  //ゲインは,H1～H3                                 (←ゲインは H1～H3 に格納)
43  //x1～x2=Z6～Z7
44  Z20=U1*G;                          0.1000E+01
45  Z11=Z6*H1;                                      (←ゲインは H1～H3)
46  Z12=Z7*H2;                                      (←x1～x2 は Z6～Z7)
47  Z15=Z11+Z12;
48  //
49  Z21=Z20-Z6; (ym-y)                              (←(ym-y)を設定)
50  Z22={1/S,t>=G}Z21X4;               0.0000E+00
51  Z23=Z22*H3;
52  //
53  Z34=-Z15+Z23;
54  Z35=Z34*G; (zu F/B)                0.1000E+01   (←zu フィードバック)
55  Z1=[RGAIN(De)]Z35;                              (←zu 根軌跡用ゲイン)
56  //
63  Z191=Z6*G; (x1)                    0.1000E+01   (←シミュレーション表示用変数設定)
64  Z192=Z7*G; (x2)                    0.1000E+01
65  Z193=Z20*G; (ym)                   0.1000E+01
```

(このデータの全体は EIGE.W318.SEIGY054.DAT)

(2) 解析結果

評価関数の重みは,演算の中で設定する. 解析結果を以下に示す.

```
----(INPUT)---- NAERO=110
----(INPUT)---- Uj, j=1
----(INPUT)---- Ri, i=4
----〈最適レギュレータ〉(重み Qy,R)----
[ 1]....Qy( 1, 1)=  0.1000000E+03
[ 2]....Qy( 2, 2)=  0.0000000E+00
[ 3]....Qy( 3, 3)=  0.0000000E+00
[ 4].... R( 1, 1)=  0.1000000E+01

....AP......  NI=  3  NJ=  3
  0.0000D+00    0.1000D+01    0.0000D+00
 -0.8000D+01   -0.4000D+01    0.1000D+01
  0.0000D+00    0.0000D+00    0.0000D+00
```

```
....B2....... NI=  3  NJ=  1
  0.0000D+00
  0.0000D+00
  0.1000D+01

F;(u=-F・X)...  NI=  1  NJ=  3
  0.4862D+01    0.1072D+01    0.1000D+02

********(フィードバック前の極チェック)**********
POLES( 3), EIVMAX=  0.283D+01
   N      REAL           IMAG
   1  -0.20000000D+01  -0.20000000D+01
   2  -0.20000000D+01   0.20000000D+01
   3   0.00000000D+00   0.00000000D+00
*******************************************
(以下の解析結果はインプットデータの制御則による)
***** POLES AND ZEROS *****
POLES( 3), EIVMAX=  0.285D+01
   N      REAL           IMAG
   1  -0.19217997D+01  -0.21089638D+01
   2  -0.19217997D+01   0.21089638D+01
   3  -0.12283440D+01   0.00000000D+00
ZEROS( 0), II/JJ= 4/ 1, G=  0.100D+02
```

このときの極・零点配置を図(a)に示す．また，シミュレーション結果を図(b)に示す．

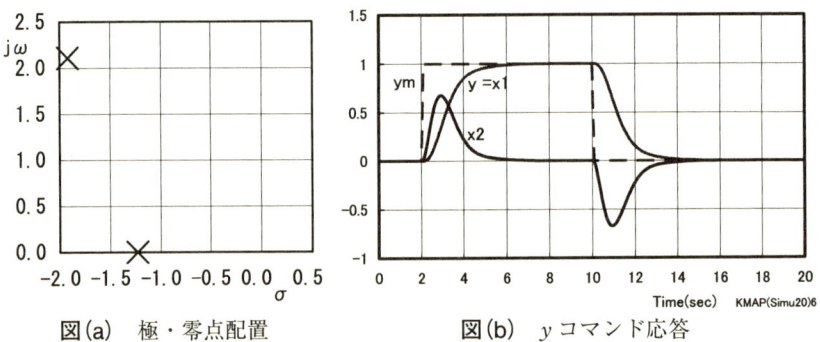

図(a)　極・零点配置
(EIGE.W318.SEIGYO54.DAT)

図(b)　y コマンド応答

第9章　現代制御理論による解析法　　　　　　　　　　　　　　　　89

[演習9.4]　演習9.3で設計したLQI法によるサーボ系において，システム行列 A_p が次のように変化した場合にも，追従特性が保たれることを確かめよ．

$$A_p = \begin{bmatrix} 0 & 1 \\ -8 & 4 \end{bmatrix} \text{（設計時）} \Rightarrow A_p = \begin{bmatrix} 0 & 1 \\ -8 & 2 \end{bmatrix}$$

(解答)

(1)　インプットデータ

演習9.3のデータに対して，下記44～52行を追加する．

```
42  //ｹﾞｲﾝは,H1～H3
43  //x1～x2=Z6～Z7
44  //(以下，APを変化させる)
45  {MTCLR2(AP)};                                    (←行列APを零クリヤ)
46  AP(I1,J2);                      0.1000E+01      (←行列APを再設定)
47  AP(I2,J1);                     -0.8000E+01
48  AP(I2,J2);                     -0.2000E+01
49  {Print(AP,B2,CP)}I2,J1,K1;                      (←行列APを表示)
50  {P}H1;                                          (←ｹﾞｲﾝHiは同じことを確認)
51  {P}H2;
52  {P}H3;
53  Z20=U1*G;                       0.1000E+01
```

　（なお，データ全体は EIGE.W318.SEIGY055.DAT である）

(2)　解析結果

フィードバックゲインの設定までは演習9.3と同じである．このゲインのまま，システム行列 A_p が変化しても，以下のように追従特性が保たれることを確認できる．

```
----(INPUT)---- NAERO=110
(NAERO=110) Z1 (閉ﾙｰﾌﾟ)
(入力) Uj, j=1:(U1)  / (出力) Ri, i=4:(R6), 5:(R7), ‥‥
----(INPUT)---- Uj, j=1
----(INPUT)---- Ri, i=4
----<最適レギュレータ>(重み Qy,R) ----
[ 1]....Qy( 1, 1)=  0.1000000E+03
[ 2]....Qy( 2, 2)=  0.0000000E+00
[ 3]....Qy( 3, 3)=  0.0000000E+00
[ 4].... R( 1, 1)=  0.1000000E+01
....AP....... NI = 3  NJ= 3
   0.0000D+00    0.1000D+01    0.0000D+00
  -0.8000D+01   -0.4000D+01    0.1000D+01
   0.0000D+00    0.0000D+00    0.0000D+00
```

```
....B2......  NI=  3  NJ=  1
  0.0000D+00
  0.0000D+00
  0.1000D+01

....CP......  NI=  3  NJ=  3
  0.1000D+01    0.0000D+00    0.0000D+00
  0.0000D+00    0.1000D+01    0.0000D+00
  0.0000D+00    0.0000D+00    0.1000D+01

F;(u=-F・X)...  NI=  1  NJ=  3
  0.4862D+01    0.1072D+01    0.1000D+02

....AP......  NI=  2  NJ=  2
  0.0000D+00    0.1000D+01
 -0.8000D+01   -0.2000D+01

********(フィードバック前の極チェック)*********
POLES( 3), EIVMAX=  0.283D+01
  N      REAL            IMAG
  1   -0.10000000D+01   -0.26457513D+01
  2   -0.10000000D+01    0.26457513D+01
  3    0.00000000D+00    0.00000000D+00
*********************************************
(以下の解析結果はインプットデータの制御則による)
***** POLES AND ZEROS *****
POLES( 3), EIVMAX=  0.330D+01
  N      REAL            IMAG
  1   -0.10765827D+01   -0.31184921D+01
  2   -0.10765827D+01    0.31184921D+01
  3   -0.91877788D+00    0.00000000D+00
ZEROS( 0), II/JJ= 4/ 1, G=  0.100D+02
```

このときの極・零点配置を図(a)に示す．また，シミュレーション結果を図(b)に示す．

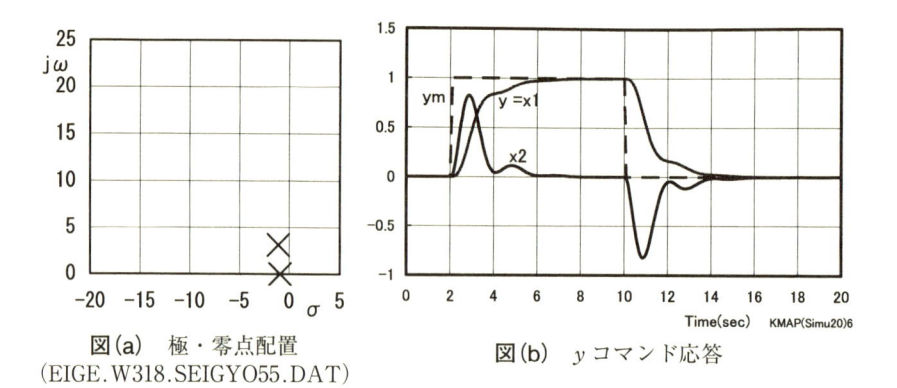

図(a) 極・零点配置
(EIGE.W318.SEIGYO55.DAT)

図(b) y コマンド応答

このシミュレーション結果から，システム行列が変化しても，追従特性が保たれていることが確認できる．

9.3 極配置法

(1) 理論

いま，1入力系の状態方程式を

$$\dot{x} = Ax + bu \tag{9.38}$$

とする．これをまず以下のように可制御正準形式に変換する．

(9.38)式の特性多項式は次式で与えられる．

$$|sI - A| = s^n + a_n s^{n-1} + \cdots + a_2 s + a_1 \tag{9.39}$$

この係数 $a_1, \cdots, a_n$ を用いて次の関数をつくる．

$$W = \begin{bmatrix} a_2 & a_3 & a_4 & \cdots & a_n & 1 \\ a_3 & a_4 & \cdots & \cdots & 1 & 0 \\ a_4 & \cdots & \cdots & \cdots & \vdots & \vdots \\ \vdots & a_n & 1 & 0 & \cdots & 0 \\ a_n & 1 & 0 & \cdots & \cdots & 0 \\ 1 & 0 & \cdots & \cdots & \cdots & 0 \end{bmatrix} \tag{9.40}$$

また，可制御性行列 U_c を次式で構成する．

$$U_c = (b \ Ab \ A^2 b \cdots A^{n-1} b) \tag{9.41}$$

(9.40)式および (9.41)式から次の変換行列

$$T = U_c W \tag{9.42}$$

を用いると，(9.31)式の A および b は次の可制御正準形式に変換される．

$$\tilde{A} = T^{-1} A T = \begin{bmatrix} 0 & 1 & 0 & \cdots & 0 \\ \vdots & \ddots & 1 & \ddots & \vdots \\ \vdots & & \ddots & \ddots & 0 \\ 0 & \cdots & \cdots & 0 & 1 \\ -a_1 & -a_2 & \cdots\cdots & & -a_n \end{bmatrix}, \quad \tilde{b} = T^{-1} b = \begin{bmatrix} 0 \\ \vdots \\ 0 \\ 1 \end{bmatrix} \tag{9.43}$$

この変換によってシステムの極は不変である．

次に，可制御正準形式におけるフィードバックを

$$u = -\tilde{F} x \tag{9.44}$$

とおき，新しく配置したい極を $\lambda_1, \cdots, \lambda_n$ とし，このときの特性多項式が次

式で表されるとする.

$$|sI-(\widetilde{A}-\widetilde{b}\widetilde{F})|=(s-\lambda_1)\cdot(s-\lambda_2)\cdots(s-\lambda_n)=s^n+d_n s^{n-1}+\cdots+d_2 s+d_1 \tag{9.45}$$

このとき

$$\widetilde{F}=(d_1-a_1 \quad d_2-a_2 \quad \cdots \quad d_n-a_n) \tag{9.46}$$

と選ぶと

$$\widetilde{b}\widetilde{F}=\begin{bmatrix}0\\\vdots\\0\\1\end{bmatrix}\cdot(d_1-a_1 \quad d_2-a_2 \cdots d_n-a_n)=\begin{bmatrix}0 & \cdots\cdots & 0\\\vdots & & \vdots\\0 & \cdots\cdots & 0\\d_1-a_1 & d_2-a_2 \cdots & d_n-a_n\end{bmatrix} \tag{9.47}$$

となるから, (9.43)式および (9.47)式から

$$\widetilde{A}-\widetilde{b}\widetilde{F}=\begin{bmatrix}0 & 1 & 0 & \cdots & 0\\\vdots & \ddots & 1 & \ddots & \vdots\\\vdots & & \ddots & \ddots & 0\\0 & \cdots & \cdots & 0 & 1\\-d_1 & -d_2 & \cdots\cdots & -d_n\end{bmatrix} \tag{9.48}$$

が得られる. 従って, (9.46)式のフィードバックにより, 極が配置したい位置に移動することが確認できる. (9.46)式のフィードバックを変換行列で戻すと, (9.38)式のシステムのフィードバックゲインが次のように得られる.

$$\boxed{F=(d_1-a_1 \quad d_2-a_2 \quad \cdots \quad d_n-a_n)\cdot T^{-1}} \tag{9.49}$$

(2) KMAPによる演算方法

最適レギュレータと同様なインプットデータを作成する. ただし, CP行列は不要である. また, 最適レギュレータの場合に呼び出した演算用関数

　　　{OptC(AP,B2,CP)1} I4J2K4;

の替わりに, 下記

　　　{OptC(AP,B2)2} I4J2;

を呼び出せばよい.

配置したい極位置は, 演算の中でキーインする.

第9章 現代制御理論による解析法

[演習9.5] 演習9.1において検討した航空機の横・方向系の状態方程式のデータを用いて，極を下記の位置に配置せよ．
　　　　－0.5，　　－1.0±j1.0，　　－1.5
ただし，δaにフィードバックした場合はpコマンドシステム，δrにフィードバックした場合はrコマンドシステムとし，それぞれ極・零点配置を図示せよ．

(解答)
　演習9.1のインプットデータに対して，CP行列の設定を削除し，また最適制御演算呼び出し部を下記に置き換える．
　　　　{OptC(AP,B2)2} I4J2;
(なお，このデータの全体は **EIGE.W318.SEIGYO45.DAT**)
　このときの計算結果を下記に示す．
　まず，δaへのフィードバックの場合を以下に示す．

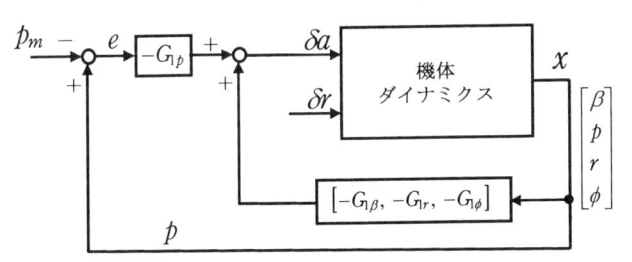

図(a)　δaフィードバック時のpコマンドシステム

```
----(INPUT)---- NAERO=110
(NAERO=110) Z1 (閉ループ)
(入力) Uj, j=1:(U1)  /  (出力) Ri, i=4:(R6), 5:(R7), ･･･
----(INPUT)---- Uj, j=1
----(INPUT)---- Ri, i=5
----<極配置法(1入力系)>----
....AP......  NI=  4  NJ=  4
 -0.9800D-01   0.9820D-01  -0.1000D+01   0.1124D+00
 -0.1579D+00  -0.1124D+01  -0.2370D+00   0.0000D+00
  0.3150D+00  -0.1172D+00  -0.2330D+00   0.0000D+00
  0.0000D+00   0.1000D+01   0.9850D-01   0.0000D+00

....B2......  NI=  4  NJ=  2
  0.0000D+00   0.1780D-01
 -0.3320D+00   0.3470D-01
 -0.2090D-01  -0.2500D-01
  0.0000D+00   0.0000D+00
```

```
入力系は何番目を用いますか
----(INPUT)----  NU;No=1
----〈配置したい極位置〉----
  ( 1) ----(INPUT)----    SGMA=-0.5
       ----(INPUT)----    W=0
  ( 2) ----(INPUT)----    SGMA=-1
       ----(INPUT)----    W=1
  ( 4) ----(INPUT)----    SGMA=-1.5
       ----(INPUT)----    W=0
```

```
F;(u=-F・X)... NI=  2  NJ=  4
  -0.3969D+02   -0.9863D+01    0.3490D+02   -0.1136D+02
   0.0000D+00    0.0000D+00    0.0000D+00    0.0000D+00
```
δaのフィードバックゲイン

```
********(フィードバック前の極チェック)**********
POLES( 4), EIVMAX=  0.122D+01
  N      REAL              IMAG
  1   -0.12249073D+01    0.00000000D+00
  2   -0.96798228D-01   -0.77099586D+00
  3   -0.96798228D-01    0.77099586D+00
  4   -0.36496157D-01    0.00000000D+00
************************************************
(以下の解析結果はインプットデータの制御則による)
***** POLES AND ZEROS *****
POLES( 4), EIVMAX=  0.150D+01
  N      REAL              IMAG
  1   -0.15000000D+01    0.00000000D+00
  2   -0.99999998D+00    0.10000001D+01
  3   -0.99999998D+00   -0.10000001D+01
  4   -0.49999994D+00    0.00000000D+00
ZEROS( 3), II/JJ= 5/ 1, G=  0.327D+01
  N      REAL              IMAG
  1   -0.17814523D+00   -0.64082474D+00
  2   -0.17814523D+00    0.64082474D+00
  3    0.10370887D-01    0.00000000D+00
```

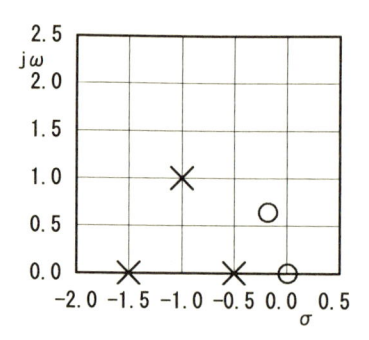

図(b)　極配置法による p/p_m の極・零点配置
　　　(EIGE.W318.SEIGYO45.DAT)

第9章 現代制御理論による解析法　　　　　　　　　　　　95

次に，δrへのフィードバックの場合を以下に示す．

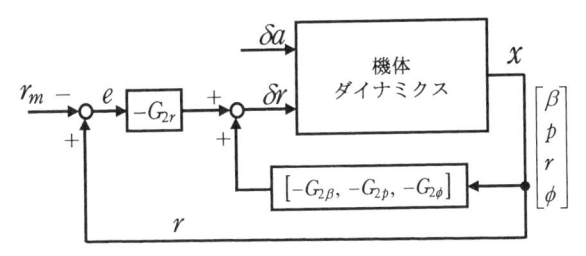

図(c)　δrフィードバック時のrコマンドシステム

```
----(INPUT)---- NAERO=120
(NAERO=120) Z3 (閉ルーフ゛)
(入力) Uj, j=2:(U2)  /  (出力) Ri, i=4:(R6), 5:(R7), ‥‥
----(INPUT)---- Uj, j=2
----(INPUT)---- Ri, i=6
----〈極配置法(1入力系)〉----
入力系は何番目を用いますか
----(INPUT)---- NU;No=2
```

```
F;(u=-F・X)... NI= 2  NJ= 4
  0.0000D+00    0.0000D+00    0.0000D+00    0.0000D+00
  0.9590D+01   -0.2859D+01   -0.9894D+01   -0.2862D+01
```
δaのフィードバックゲイン

```
********(フィードバック前の極チェック)**********
POLES( 4), EIVMAX= 0.122D+01
   N      REAL              IMAG
   1   -0.12249073D+01    0.00000000D+00
   2   -0.96798228D-01   -0.77099586D+00
   3   -0.96798228D-01    0.77099586D+00
   4   -0.36496157D-01    0.00000000D+00
*******************************************
(以下の解析結果はインプットデータの制御則による)
***** POLES AND ZEROS *****
POLES( 4), EIVMAX= 0.150D+01
   N      REAL              IMAG
   1   -0.15000000D+01    0.00000000D+00
   2   -0.10000000D+01   -0.99999996D+00
   3   -0.10000000D+01    0.99999996D+00
   4   -0.50000001D+00    0.00000000D+00
ZEROS( 3), II/JJ= 6/ 2, G= 0.247D+01
   N      REAL              IMAG
   1   -0.11513544D+01    0.00000000D+00
   2   -0.32242468D-01   -0.38579871D+00
   3   -0.32242468D-01    0.38579871D+00
```

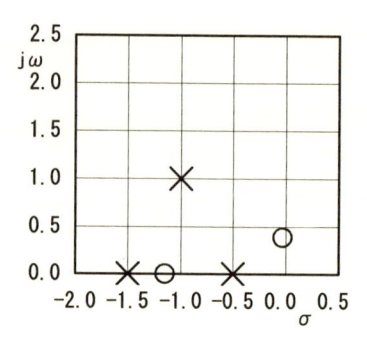

図(d)　極配置法による r/r_m の極・零点配置
(EIGE.W318.SEIGYO45.DAT)

9.4 極の実部をある値以下に指定する方法

(1) 理　　論

　最適レギュレータにより状態フィードバックを施した制御系においては，必ず極の実部が負となり安定な制御系となる．このことを利用して，極の実部をある値よりもさらに左側に極を配置することを考える．

　いま，制御対象の状態方程式を

$$\dot{x} = Ax + Bu \tag{9.50}$$

とする．x は状態変数ベクトル，u は制御入力ベクトル，A はシステム状態行列，B は制御入力行列である．このときの固有値（極）を

$$|sI - A| = 0, \Rightarrow \lambda_A = \lambda_1, \lambda_2, \cdots \tag{9.51}$$

とする．
　次に，行列 A を

$$\tilde{A} = A - \alpha I \quad (\alpha \leq 0) \tag{9.52}$$

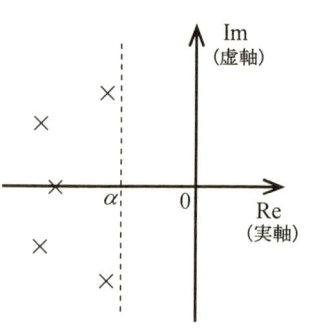

と変換した

$$\dot{x} = \tilde{A}x + Bu \tag{9.53}$$

図9.2　極の実部が α 以下

なる状態方程式を考え，この場合の固有値を

$$|sI - \tilde{A}| = |sI - (A - \alpha I)| = |(s + \alpha)I - A| = 0, \Rightarrow \lambda_{\tilde{A}} = \tilde{\lambda}_1, \tilde{\lambda}_2, \cdots \tag{9.54}$$

とすると，(9.53)式で得られる固有値は，(9.51)式で得られる固有値に対して，

第9章　現代制御理論による解析法

実部が$|\alpha|$だけ左側に移動したもの，すなわち，より安定側の極配置が実現される．このとき，行列$\tilde{A}$の固有値を安定化するフィードバックゲインを求める必要があるが，それには，最適レギュレータ（LQR）法を利用する．なお，$\alpha=0$とするとLQR法の結果と一致する．

(2) KMAPによる演算方法

最適レギュレータと同様なインプットデータを作成する．ただし，最適レギュレータの場合に呼び出した演算用関数

　　　　{OptC(AP,B2,CP)1} I4J2K4;

の替わりに，下記

　　　　{OptC(AP,B2,CP)3} I4J2K4;

を呼び出せばよい．

[演習9.6]　演習9.1において検討した航空機の横・方向系の状態方程式のデータを用いて，極の実部が−1.0よりも小さくなるように極配置せよ．

(解答)

演習9.1のインプットデータに対して，最適制御演算呼び出し部を下記に置き換える変更のみである．

54　{OptC(AP, B2, CP)3} I4J2K2;　　　−0.1000E+01

　　（なお，このデータの全体は EIGE.W318.SEIGYO44.DAT）

このときの計算結果を下記に示す．

```
----(INPUT)---- NAERO=110
(NAERO=110) Z1 (閉ルーフ゜)
(入力) Uj, j=1:(U1)  / (出力) Ri, i=4:(R6), 5:(R7), ....
----(INPUT)---- Uj, j=1
----(INPUT)---- Ri, i=5
----<最適レギュレータ> (重み Qy,R) ----
[ 1]....Qy( 1, 1)=  0.1000000E+01
[ 2]....Qy( 2, 2)=  0.1000000E+04
[ 3]....R ( 1, 1)=  0.1000000E+01
[ 4]....R ( 2, 2)=  0.1000000E+01

F;(u=-F・X)... NI= 2 NJ= 4
 -0.1833D+00   -0.3713D+02   -0.2621D+01   -0.6924D+02
  0.1448D+02    0.2742D+01   -0.1311D+02    0.4347D+01
```

```
********(フィードバック前の極チェック)**********
POLES( 4), EIVMAX=  0.122D+01
  N      REAL              IMAG
  1   -0.12249073D+01    0.00000000D+00
  2   -0.96798228D-01   -0.77099586D+00
  3   -0.96798228D-01    0.77099586D+00
  4   -0.36496157D-01    0.00000000D+00

********(フィードバック後の極チェック)**********
     (省略)(下記と同じ)
***********************************************
(以下の解析結果はインプットデータの制御則による)
***** POLES AND ZEROS *****
POLES( 4), EIVMAX=  0.115D+02
  N      REAL              IMAG
  1   -0.11532513D+02    0.00000000D+00
  2   -0.20109467D+01    0.00000000D+00
  3   -0.19608715D+01   -0.69007892D+00
  4   -0.19608715D+01    0.69007892D+00
ZEROS( 3), II/JJ= 5/ 1, G=  0.124D+02
  N      REAL              IMAG
  1   -0.19602180D+01   -0.68990201D+00
  2   -0.19602180D+01    0.68990201D+00
  3    0.98182626D-02    0.00000000D+00
```

図(a)　極の実部が -1.0 よりも小さく指定
(Q11/Q22=1/1000) (EIGE.W318.SEIGYO44.DAT)

図(b)　フィードバック前の p/δa
(EIGE.W318.SEIGYO39.DAT)

9.5 オブザーバ

(1) 理　論

これまで述べてきた設計法は，制御対象の状態変数全てが直接観測できると仮定したが，ここでは入力と一部の観測可能な出力を用いて，状態変数を観測することを考える．この観測システムを**状態観測器**または**オブザーバ** (observer) という．

いま次式で表される制御対象を考える．

$$\begin{cases} \dot{x} = Ax + Bu \\ y = Cx \end{cases} \tag{9.55}$$

ここで，x は状態変数ベクトル，u は制御入力ベクトル，$A(n \times n)$ はシステム状態行列，$B(n \times m)$ は制御入力行列，$C(r \times n)$ は出力行列である．オブザーバは，(9.55)式における (A, B, C) と (u, y) はわかっているとして x を求める一つのフィルタである．

まず簡単に次のシステムを考えてみよう．

$$\dot{\hat{x}} = A\hat{x} + Bu, \quad e = \hat{x} - x \tag{9.56}$$

このとき，次式が得られる．

$$\dot{e} = \dot{\hat{x}} - \dot{x} = (A\hat{x} + Bu) - (Ax + Bu) = A(\hat{x} - x) = Ae \tag{9.57}$$

また，初期値 e_0 は次式である．

$$e_0 = \hat{x}_0 - x_0 \tag{9.58}$$

$e(t)$ のラプラス変換を $E(s)$ と書き，(9.57)式を (9.58)式の初期条件のもとにラプラス変換すると次のようになる．

$$E(s) = (sI - A)^{-1} e_0 \tag{9.59}$$

この式をラプラス逆変換すると次式を得る．

$$e(t) = e^{At} e_0 = \begin{bmatrix} e^{\lambda_1 t} & 0 & \cdots \\ 0 & e^{\lambda_2 t} & 0 \cdots \\ 0 & 0 & e^{\lambda_3 t} \cdots \end{bmatrix} \cdot e_0 \tag{9.60}$$

ここで，λ_i はシステム行列 A の固有値である．従って，システムが安定であれば，λ_i は負であり，$t \to \infty$ で $e(t) \to 0$ となる．すなわち，初期誤差があっても状態観測式 (9.56)式によって，いずれその誤差は0に収束していくことが

わかる．ただし，その収束の速さはシステムの安定度に依存するため，設計者が調節することはできない．

そこで，(9.56)式の替わりに，次の状態観測式を考える．

$$\dot{\hat{x}} = A\hat{x} + Bu - K(C\hat{x} - y) = (A - KC)\hat{x} + Bu + Ky \tag{9.61}$$

このシステムのブロック図を図9.3に示す．

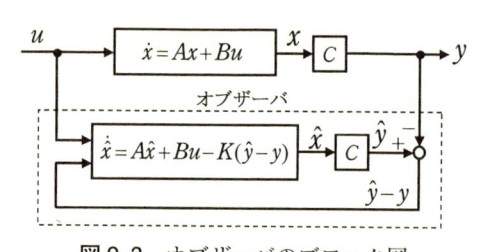

図9.3 オブザーバのブロック図

このとき，誤差方程式は次のようになる．

$$\begin{aligned}\dot{e} &= \dot{\hat{x}} - \dot{x} = A\hat{x} + Bu - K(C\hat{x} - y) - (Ax + Bu) \\ &= (A - KC)\hat{x} + Ky - Ax = (A - KC)(\hat{x} - x) = (A - KC)e\end{aligned} \tag{9.62}$$

この解は

$$e(t) = e^{(A-KC)t} e_0 \tag{9.63}$$

となるので，オブザーバゲイン K を調節することにより所望の特性にすることが可能となる．

次に，**最小次元オブザーバ**（minimal order obserber）について考える．(9.61)式のオブザーバの次元は制御対象と同じ次元であったが，すでに r 個の出力 y が観測されているのでこれを利用すると，オブザーバの次元を $(n-r)$ に下げることができる．

最小次元オブザーバを検討する前に，一般的なオブザーバについて考える．(9.55)式のシステムに次のオブザーバを追加してみる．

$$\boxed{\begin{cases} \dot{w} = \tilde{A}w + TBu + \tilde{G}y \\ \hat{x} = Lw + My \end{cases}} \quad \text{（一般的オブザーバ）} \tag{9.64}$$

いま，次式をつくると

$$\begin{aligned}\dot{w} - T\dot{x} &= \tilde{A}w + TBu + \tilde{G}Cx - TAx - TBu \\ &= \tilde{A}(w - Tx) + (\tilde{A}T + \tilde{G}C - TA)x\end{aligned} \tag{9.65}$$

第9章 現代制御理論による解析法

となる．一方，
$$\hat{x} - x = Lw + MCx - x = L(w - Tx) + (LT + MC - I)x \tag{9.66}$$
となるので
$$\boxed{\begin{cases} \tilde{A}T = TA - \tilde{G}C \\ LT + MC = I \end{cases}} \quad \text{(オブザーバが満たすべき条件)} \tag{9.67}$$
とおくと，(9.65)式および (9.66)式は次のようになる．
$$\dot{w} - T\dot{x} = \tilde{A}(w - Tx), \quad \hat{x} - x = L(w - Tx) \tag{9.68}$$
これから，$\tilde{A}$ の全ての固有値が安定となるようにすれば，任意の初期値 w_0 および x_0 に対して，$t \to \infty$ のとき $w(t) \to Tx(t)$ および $\hat{x}(t) \to x$ が実現される．(9.64)式のオブザーバは，$\tilde{A}$ の次元を下げた場合にも適用できる．なお，同一次元オブザーバ（次元数 n）の場合は，次式となる．
$$T = L = I, \quad M = 0, \quad \tilde{A} = A - \tilde{G}C \tag{9.69}$$

さて，最小次元オブザーバについて考える．いま，次の行列 W が正則となるように適当な行列 V を選ぶ．W が正則行列とは，逆行列 W^{-1} が存在する行列であり，その行列の行列式 $|W|$ が 0 でないことである．
$$W = \begin{bmatrix} V \\ C \end{bmatrix}, \quad V : (n-r) \times n, \quad C : r \times n \tag{9.70}$$
この行列により，(9.55)式を変数変換すると次式となる．
$$\begin{cases} \dot{x} = Ax + Bu \\ y = Cx \end{cases} \Rightarrow \begin{cases} \dot{\bar{x}} = \bar{A}\bar{x} + \bar{B}u \\ y = \bar{C}\bar{x} \end{cases} \tag{9.71}$$
ただし，
$$\bar{x} = Wx, \quad \bar{A} = WAW^{-1}, \quad \bar{B} = WB, \quad \bar{C} = CW^{-1} \tag{9.72}$$
である．これらを次のように分解する．
$$\bar{A} = WAW^{-1} = \begin{bmatrix} F_{11} & F_{12} \\ F_{21} & F_{22} \end{bmatrix}, \quad \bar{B} = \begin{bmatrix} B_{11} \\ B_{21} \end{bmatrix}, \quad \bar{C} = \begin{bmatrix} 0 & I_r \end{bmatrix} \tag{9.73}$$
ただし，
$$\begin{aligned} &F_{11} : (n-r) \times (n-r), \quad F_{12} : (n-r) \times r \\ &F_{21} : \quad r \times (n-r), \quad F_{22} : \quad r \times r \end{aligned} \tag{9.74}$$
である．(9.73)式の $\bar{C}$ は，y の次元が r であり，これに対応する x（n 次元）は後半の r 次元であるから，始めの $(n-r)$ 要素は 0 となっている．これから，次のような2つのシステムに分解できる．

$$\begin{cases} \dot{\bar{x}}_1 = F_{11}\bar{x}_1 + F_{12}\bar{x}_2 + B_{11}u \\ \dot{\bar{x}}_2 = F_{21}\bar{x}_1 + F_{22}\bar{x}_2 + B_{21}u \end{cases}, \quad y = \bar{x}_2 \quad \left(\bar{x} = \begin{bmatrix} \bar{x}_1 \\ \bar{x}_2 \end{bmatrix}\right) \tag{9.75}$$

これらの諸条件を用いて，(9.64)式の一般的オブザーバの式から最小次元オブザーバを構成する．(9.64)式の行列 T は，同一次元オブザーバでは単位行列 I であるが，最小次元オブザーバでは w は $(n-r)$ 次元であることから，次のようにおく．

$$T = [I_{n-r} \; U_1] \tag{9.76}$$

ここで，行列 U_1 は $(n-r) \times r$ 次元の設計パラメータである．(9.76)式の行列 T は，(9.67)式のオブザーバの条件式を満足する必要がある．このケースが満たすべき条件は次式となる．

$$\widetilde{A}T = T\bar{A} - \widetilde{G}\bar{C} \tag{9.77}$$

この式に，(9.73)式および(9.76)式の T の式を代入すると

$$\widetilde{A}[I_{n-r} \; U_1] = [I_{n-r} \; U_1] \cdot \begin{bmatrix} F_{11} & F_{12} \\ F_{21} & F_{22} \end{bmatrix} - \widetilde{G}[0 \; I_r] \tag{9.78}$$

となる．これを分解すると次の関係式が得られる．

$$\begin{cases} \widetilde{A} = F_{11} + U_1 F_{21} \\ \widetilde{G} = F_{12} + U_1 F_{22} - \widetilde{A}U_1 \end{cases} \tag{9.79}$$

また，満たすべき条件式(9.67)のもう1つの式は次式となる．

$$\bar{L}T + \bar{M}\bar{C} = I \tag{9.80}$$

ここで，(9.64)式との対応から，このケースでは

$$\bar{L} = \begin{bmatrix} I_{n-r} \\ 0 \end{bmatrix} \tag{9.81}$$

であるから，(9.80)式に代入すると

$$\begin{bmatrix} I_{n-r} \\ 0 \end{bmatrix} \cdot [I_{n-r} \; U_1] + \bar{M}[0 \; I_r] = I \tag{9.82}$$

と表される．これから次式が得られる．

$$\bar{M} = \begin{bmatrix} -U_1 \\ I_r \end{bmatrix} \tag{9.83}$$

以上の関係式は，$\bar{x}$ の推定値 $\hat{\bar{x}}$ を求めるオブザーバであるから，$\hat{x} = W^{-1}\hat{\bar{x}}$ の関係式から

$$W^{-1} = [L_1 \; L_2] \tag{9.84}$$

第9章 現代制御理論による解析法

とおくと，$\hat{x}$ を求めるための L および M は，次のように得られる．

$$L = W^{-1}\begin{bmatrix} I_{n-r} \\ 0 \end{bmatrix} = L_1, \quad M = W^{-1}\begin{bmatrix} -U_1 \\ I_r \end{bmatrix} = L_2 - L_1 U_1 \tag{9.85}$$

また，TB を $\widetilde{B}$ と書くと次式が得られる．

$$\widetilde{B} = TB = [I_{n-r} \ U_1] \cdot \begin{bmatrix} B_{11} \\ B_{21} \end{bmatrix} = B_{11} + U_1 B_{21} \tag{9.86}$$

最小次元オブザーバの具体的な設計は次のように行う．

① W が正則となるように V を選ぶ．

$$W = \begin{bmatrix} V \\ C \end{bmatrix}, \quad \text{ただし，} \ V : (n-r) \times n$$

② 次式を計算．

$$WAW^{-1} = \begin{bmatrix} F_{11} & F_{12} \\ F_{21} & F_{22} \end{bmatrix}, \quad \begin{array}{ll} F_{11} : (n-r) \times (n-r), & F_{12} : (n-r) \times r \\ F_{21} : \quad r \times (n-r), & F_{22} : \quad r \times r \end{array}$$

③ 次式を計算．

$$\begin{cases} \widetilde{A} = F_{11} + U_1 F_{21} \\ \widetilde{B} = B_{11} + U_1 B_{21} \\ \widetilde{G} = F_{12} + U_1 F_{22} - \widetilde{A} U_1 \end{cases}, \quad \begin{cases} [L_1 \ L_2] = W^{-1} \\ M = L_2 - L_1 U_1 \end{cases} \tag{9.87}$$

④ 推定値 $\hat{x}$

$$\begin{cases} \dot{w} = \widetilde{A}w + \widetilde{B}u + \widetilde{G}y \\ \hat{x} = L_1 w + My \end{cases} \quad \textbf{(最小次元オブザーバ)} \tag{9.88}$$

$\widetilde{A}$ の固有値は，$(n-r) \times r$ の行列 U_1 により安定化できる．この最小次元オブザーバのブロック図を図9.4に示す．

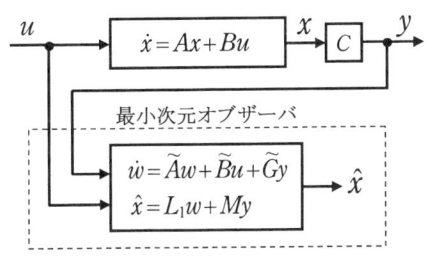

図 9.4 最小次元オブザーバのブロック図

(2) KMAP による演算方法

観測できる状態変数を, $y = C_p x$ の CP 行列により設定する. 次に, 適当な行列 V により行列 W が正則となるようにする. この行列 V のデータは, CP 行列のインプットデータに加えておく.

最小次元オブザーバの演算は, 下記の関数を呼び出すことにより実行される.

{OptC (AP,B2,CP) 4} I4J2K3;

オブザーバから求められた状態変数も含めた全ての状態変数は, KMAP 内の一般データ H に, 状態変数の順に格納される.

$$H_1 = x_1, \quad H_2 = x_2, \cdots, \quad H_n = x_n$$

> [演習 9.7] 演習 9.1 の航空機の横・方向系の状態方程式のデータを用いて, 状態変数 $x^T = [\beta\ p\ r\ \phi]$ (β: 横滑り角, p: ロール角速度, r: ヨー角速度, ϕ: ロール角) のうち, p が観測できないとして, 最小次元オブザーバを設計せよ.

(解答)

状態変数 β, r, ϕ が観測できるから, KMAP では CP 行列として次式のようにインプットデータを作成する.

$$\text{CP} = \begin{bmatrix} 1 & 0 & 0 & 0 \\ 0 & 0 & 1 & 0 \\ 0 & 0 & 0 & 1 \end{bmatrix} \tag{1}$$

次に, 行列 W が正則となるように適当な行列 V を作る.

$$W = \begin{bmatrix} V \\ C \end{bmatrix} \tag{2}$$

具体的には, 行列 V は, 推定する状態変数が p であるから次のように設定すればよい.

$$V = [0\ 1\ 0\ 0] \tag{3}$$

この行列 V のデータは, CP 行列の 4 行目としてインプットデータに加えておく. このとき, (2)式の行列 W は正則となる.

第9章 現代制御理論による解析法

KMAPのインプットデータの主要部を下記に示す.

```
31    //AP,B2 行列データ設定              (←演習 9.1 と同じ)

51    CP(I1,J1);                  0.1000E+01   (←CP 行列設定)
52    CP(I2,J3);                  0.1000E+01
53    CP(I3,J4);                  0.1000E+01
54    CP(I4,J2);                  0.1000E+01   (←V 行列設定)
55    //
56    {OptC(AP,B2,CP)4}I4J2K3;                 (←最小次元オブザーバ演算)
57    Z19=U1*G;                   0.1000E+01   (←外部入力 U1)
58    Z1={RGAIN(De)}Z19;

66    Z191=Z7*G;   (p)            0.1000E+01   (←シミュレーション用出力設定)
67    Z192=Z6*G;   (BETA)         0.1000E+01
68    Z193=H1;     (observer;BETA)
69    Z194=H2;     (observer;p)
```

(なお,このデータの全体は EIGE.W318.SEIGYO48.DAT)

このときの計算結果を下記に示す.

```
.....<<< 最小次元オブザーバ >>>>......
*** A     ... NI=  4  NJ=  4
 -0.9800D-01   0.9820D-01  -0.1000D+01   0.1124D+00
 -0.1579D+01  -0.1124D+01   0.2370D+00   0.0000D+00
  0.3150D+00  -0.1172D+00  -0.2330D+00   0.0000D+00
  0.0000D+00   0.1000D+01   0.9850D-01   0.0000D+00

*** B     ... NI=  4  NJ=  2
  0.0000D+00   0.1780D-01
 -0.3320D+00   0.3470D+00
 -0.2090D-01  -0.2500D+00
  0.0000D+00   0.0000D+00

*** C     ... NI=  3  NJ=  4
  0.1000D+01   0.0000D+00   0.0000D+00   0.0000D+00
  0.0000D+00   0.0000D+00   0.1000D+01   0.0000D+00
  0.0000D+00   0.0000D+00   0.0000D+00   0.1000D+01

*** V     ... NI=  1  NJ=  4
  0.0000D+00   0.1000D+01   0.0000D+00   0.0000D+00

----<極配置法(1入力系)>----
....AP......  NI=  1  NJ=  1
 -0.1124D+01

....B2......  NI=  1  NJ=  3
  0.9820D-01  -0.1172D+00   0.1000D+01

入力系は何番目を用いますか
----(INPUT)----  NU;No=1
----<配置したい極位置>----
 ( 1) ----(INPUT)----   SGMA=-8
      ----(INPUT)----   W=0
```

```
POLES( 1), EIVMAX=  0.800D+01
  N      REAL              IMAG
  1   -0.80000000D+01     0.00000000D+00
**AW     ...  NI=  1  NJ=  1
 -0.8000D+01

**BW     ...  NI=  1  NJ=  2
 -0.3320D+00    -0.1212D+01

**GW     ...  NI=  1  NJ=  3
 -0.5549D+03    0.7026D+02    -0.7870D+01

**L1     ...  NI=  4  NJ=  1
  0.0000D+00
  0.1000D+01
  0.0000D+00
  0.0000D+00

**M      ...  NI=  4  NJ=  3
  0.1000D+01    0.0000D+00    0.0000D+00
  0.7002D+02    0.0000D+00    0.0000D+00
  0.0000D+00    0.1000D+01    0.0000D+00
  0.0000D+00    0.0000D+00    0.1000D+01

----- OBSERVER POLE (AW) -----
POLES( 1), EIVMAX=  0.800D+01
  N      REAL              IMAG
  1   -0.80000000D+01     0.00000000D+00
...<制御対象の初期値設定，(オブザーバ初期値は 0)>..
  X0( 1)=0.1
  X0( 2)=0.1
  X0( 3)=0.1
  X0( 4)=0.1
```

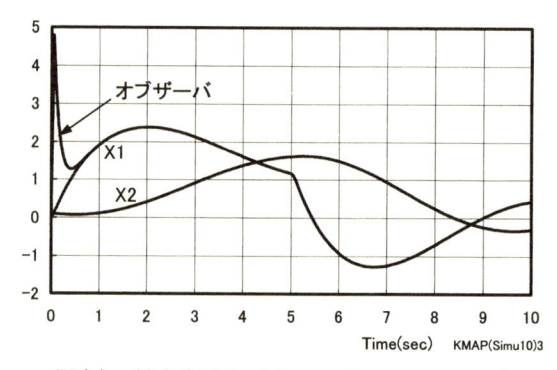

図(a)　最小次元オブザーバ　($X1:p$, $X2:\beta$)
　　　(EIGE.W318.SEIGYO48.DAT)

9.6 H_∞制御

(1) H_∞状態フィードバック

H_∞制御は，外乱から制御量までの伝達関数の H_∞ ノルムを指定した値以下になるように制御するものである．図 9.5 に示す一般化された制御対象を考える．ここで，w は外部入力，u は制御入力，z は制御量，y は観測出力である．

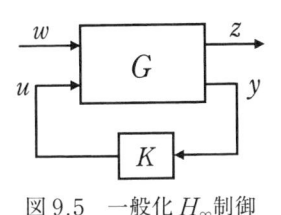

図 9.5　一般化 H_∞ 制御

図 9.5 のブロック図の一般化プラント G を要素に分割して次のように表す．

$$\begin{bmatrix} z \\ y \end{bmatrix} = \begin{bmatrix} G_{11} & G_{12} \\ G_{21} & G_{22} \end{bmatrix} \cdot \begin{bmatrix} w \\ u \end{bmatrix}, \quad \begin{cases} z = G_{11}w + G_{12}u \\ y = G_{21}w + G_{22}u \end{cases} \tag{9.89}$$

また，フィードバックは

$$u = Ky \tag{9.90}$$

であるから，(9.89)式および(9.90)式から

$$z = G_{11}w + G_{12}u = G_{11}w + G_{12}Ky$$

$$y = G_{21}w + G_{22}u = G_{21}w + G_{22}Ky, \quad \therefore y = (I - G_{22}K)^{-1}G_{21}w$$

$$\therefore z = G_{11}w + G_{12}K(I - G_{22}K)^{-1}G_{21}w$$

と変形できる．これから，外部入力 w から制御量 z への伝達関数 G_{zw} は次式で表される．

$$G_{zw} = G_{11} + G_{12}K(I - G_{22}K)^{-1}G_{21} \tag{9.91}$$

H_∞制御問題とは，G_{zw} の H_∞ ノルムが次式

$$\|G_{zw}\|_\infty < \gamma \tag{9.92}$$

を満足するフィードバックゲイン K を求める問題である．ここでは，制御対象 G が次の状態方程式で記述される状態フィードバックによる H_∞ 制御について述べる．

$$\begin{cases} \dot{x} = Ax + B_1 w + B_2 u \\ z = C_1 x \\ y = x \end{cases} , \quad u = Kx \tag{9.93}$$

この式の第1式から

$$x = (sI - A)^{-1} B_1 w + (sI - A)^{-1} B_2 u \tag{9.94}$$

と表されるから，(9.93)式は次のようになる．

$$\begin{cases} z = C_1 (sI - A)^{-1} B_1 w + C_1 (sI - A)^{-1} B_2 u \\ y = (sI - A)^{-1} B_1 w + (sI - A)^{-1} B_2 u \end{cases} \tag{9.95}$$

すなわち，(9.93)式で考える問題は，次式の伝達関数の場合である．

$$G = \begin{bmatrix} G_{11} & G_{12} \\ G_{21} & G_{22} \end{bmatrix} = \begin{bmatrix} C_1 (sI - A)^{-1} B_1 & C_1 (sI - A)^{-1} B_2 \\ (sI - A)^{-1} B_1 & (sI - A)^{-1} B_2 \end{bmatrix} \tag{9.96}$$

また，(9.93)式のフィードバックを施すと

$$x = (sI - A - B_2 K)^{-1} B_1 w \tag{9.97}$$

を得る．従って，(9.91)式で求めた外部入力 w から制御量 z への伝達関数 G_{zw}（閉ループ伝達関数）は次のように変形される．

$$G_{zw} = C_1 (sI - A - B_2 K)^{-1} B_1 \tag{9.98}$$

結果だけ述べると，(9.93)式で表される状態フィードバックによる H_∞ 制御は，次のようにまとめられる[16),18),19)]．

外部入力 w，制御入力 u，制御量 z，観測量 y の制御対象

$$\begin{cases} \dot{x} = Ax + B_1 w + B_2 u \\ z = C_1 x \\ u = Kx \end{cases} \quad \textbf{（状態フィードバック）} \tag{9.99}$$

に対して，

① $A + B_2 K$ を漸近安定

② $\|G_{zw}\|_\infty = \|C_1 (sI - A - B_2 K)^{-1} B_1\|_\infty < \gamma \tag{9.100}$

とする状態フィードバック $u = Kx$ のゲイン K は，

$$PA + A^T P + P \left(\frac{B_1 B_1^T}{\gamma^2} - \frac{B_2 B_2^T}{\varepsilon} \right) P + C_1^T C_1 + \varepsilon I = 0 \tag{9.101}$$

がある $\varepsilon > 0$ に対して対称正定解 $P > 0$ をもつとき，次式で与えられる．

$$K = -\frac{B_2^T P}{2\varepsilon} \tag{9.102}$$

なお，(9.100)式で，$\gamma \to \infty$ とすると，通常の最適レギュレータ問題のリカッチ方程式となる．

H_∞ 制御は，G_{zw} の H_∞ ノルム $\|G_{zw}\|_\infty$ を γ 以下にする制御である．ここで，H_∞ ノルム $\|G_{zw}\|_\infty$ について説明する．まず，行列 $G(j\omega)$ に対して特異値 σ は次式で与えられる．

$$\sigma\{G(j\omega)\} = \{\lambda[G^*(-j\omega)G(j\omega)]\}^{1/2} \tag{9.103}$$

ここで，λ は固有値，G^* は複素行列の共役転置である．このとき，行列 G の H_∞ ノルム $\|G\|_\infty$ は次式で表される．

$$\|G\|_\infty = \sup_{0 \le \omega \le \infty} \bar{\sigma}\{G(j\omega)\} = \{\lambda_{\max}[G^*(-j\omega)G(j\omega)]\}^{1/2} \tag{9.104}$$

(2) 一般的な H_∞ 制御問題

外部入力 w，制御入力 u，制御量 z，観測量 y に対して，より一般的な次式で表される H_∞ 制御問題を考える．

$$\begin{cases} \dot{x} = Ax + B_1 w + B_2 u \\ z = C_1 x \quad\quad\quad + D_{12} u \\ y = C_2 x + D_{21} w \end{cases} \tag{9.105}$$

この式の第 1 式から

$$x = (sI - A)^{-1} B_1 w + (sI - A)^{-1} B_2 u \tag{9.106}$$

と表されるから，(9.105)式は次のようになる．

$$\begin{cases} z = C_1(sI-A)^{-1}B_1 w \quad\quad\quad + \{C_1(sI-A)^{-1}B_2 + D_{12}\}u \\ y = \{C_2(sI-A)^{-1}B_1 + D_{21}\}w + C_2(sI-A)^{-1}B_2 u \end{cases} \tag{9.107}$$

すなわち，(9.105)式で考える問題は，一般化プラント G が次式の伝達関数の場合である．

$$G = \begin{bmatrix} G_{11} & G_{12} \\ G_{21} & G_{22} \end{bmatrix} = \begin{bmatrix} C_1(sI-A)^{-1}B_1 & C_1(sI-A)^{-1}B_2 + D_{12} \\ C_2(sI-A)^{-1}B_1 + D_{21} & C_2(sI-A)^{-1}B_2 \end{bmatrix} \tag{9.108}$$

これを用いると，外部入力 w から制御量 z への伝達関数 G_{zw} は (9.91)式により得られるる

結果だけ述べると，(9.105)式で表される H_∞ 制御は，次のようにまとめられる[23]．

状態量 x, 制御量 z, 外部入力 w, 制御入力 u の制御対象

$$\begin{cases} \dot{x} = Ax + B_1 w + B_2 u \\ z = C_1 x \quad\quad\; + D_{12} u \\ y = C_2 x + D_{21} w \end{cases}, \quad \begin{cases} D_{11} = D_{22} = 0 \\ u = K(s) y \end{cases} \tag{9.109}$$

において, w から z への伝達関数 G_{zw} の H_∞ ノルムが

$$\|G_{zw}\|_\infty < \gamma \tag{9.110}$$

を満たす観測量 y を入力とする H_∞ 制御器 $K(s)$ は, 次の条件①〜③が満足するときに得られる.

① $\boxed{\begin{array}{l} X(A - B_2 H_{12} D_{12}{}^T C_1) + (A - B_2 H_{12} D_{12}{}^T C_1)^T X \\ + X\left(\dfrac{B_1 B_1{}^T}{\gamma^2} - B_2 H_{12} B_2{}^T\right) X + C_1{}^T (I - D_{12} H_{12} D_{12}{}^T) C_1 = 0 \end{array}}$ (9.111)

が解 $X \geq 0$ をもち, 次式が安定であること.

$$A_F = A + B_1 F_w + B_2 F_u \tag{9.112}$$

ただし,

$$F_w = \frac{B_1{}^T}{\gamma^2} X, \quad F_u = -H_{12}(D_{12}{}^T C_1 + B_2{}^T X), \quad H_{12} = (D_{12}{}^T D_{12})^{-1} \tag{9.113}$$

② $\boxed{\begin{array}{l} Y(A^T - C_2{}^T H_{21} D_{21} B_1{}^T) + (A^T - C_2{}^T H_{21} D_{21} B_1{}^T)^T Y \\ + Y\left(\dfrac{C_1{}^T C_1}{\gamma^2} - C_2{}^T H_{21} C_2\right) Y + B_1(I - D_{21}{}^T H_{21} D_{21}) B_1{}^T = 0 \end{array}}$ (9.114)

が解 $Y \geq 0$ をもち, 次式が安定となること.

$$A_L = A + L_z C_1 + L_y C_2 \tag{9.115}$$

ただし,

$$L_z = Y \frac{C_1{}^T}{\gamma^2}, \quad L_y = -(B_1 D_{21}{}^T + Y C_2{}^T) H_{21}, \quad H_{21} = (D_{21} D_{21}{}^T)^{-1} \tag{9.116}$$

③ $\boxed{\lambda_{\max}(XY) < \gamma^2}$ (9.117)

が成り立つ.

なお, $D_{12}{}^{-1}$ が存在するときは次式が成り立つ.

$$H_{12} D_{12}{}^T = D_{12}{}^{-1}, \quad D_{12} H_{12} D_{12}{}^T = I \tag{9.118}$$

このときは, (9.111)式の右辺の最後の項は 0 となる.

また，$D_{21}{}^{-1}$ が存在するときは次式が成り立つ．
$$D_{21}{}^T H_{21} = D_{21}{}^{-1}, \quad D_{21}{}^T H_{21} D_{21} = I \tag{9.119}$$
このときは，(9.114)式の右辺の最後の項は0となる．

上記①〜③の条件が満足するとき，H_∞ 制御器は
$$\dot{x}_k = A_k x_k + B_k y, \quad u = C_k x_k \tag{9.120}$$
と表される．ただし，
$$A_k = A_F + UL_y(C_2 + D_{21}F_w), \ B_k = -UL_y, \ C_k = F_u, \ U = \left(1 - \frac{YX}{\gamma^2}\right)^{-1} \tag{9.121}$$
である．なお，A_F は (9.112)式，F_w および F_u は (9.113)式，L_y は (9.116)式である．これから，H_∞ 制御器 $K(s)$ は次のようになる．
$$\boxed{u = K(s)y}, \quad \boxed{K(s) = C_k(sI - A_k)^{-1}B_k} \tag{9.122}$$

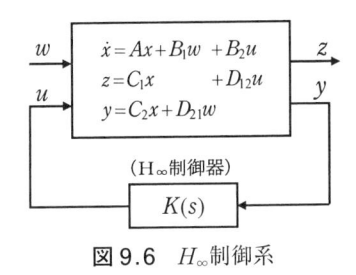

```
       w ─→┌─────────────────────┐─→ z
           │ ẋ = Ax + B₁w + B₂u  │
       u ─→│ z = C₁x     + D₁₂u  │─→ y
        ┌─→│ y = C₂x + D₂₁w      │──┐
        │  └─────────────────────┘  │
        │       (H∞制御器)          │
        │       ┌─────────┐         │
        └───────│  K(s)   │←────────┘
                └─────────┘
```

図 9.6 H_∞ 制御系

伝達関数 G_{zw} を具体的な形で求めてみよう．一般化プラントと H_∞ 制御器の拡大系は次のようになる．
$$\begin{bmatrix} \dot{x} \\ \dot{x}_k \end{bmatrix} = \begin{bmatrix} A & 0 \\ 0 & A_k \end{bmatrix} \cdot \begin{bmatrix} x \\ x_k \end{bmatrix} + \begin{bmatrix} B_1 \\ 0 \end{bmatrix} w + \begin{bmatrix} B_2 \\ 0 \end{bmatrix} u + \begin{bmatrix} 0 \\ B_k \end{bmatrix} y \tag{9.123}$$

$$z = \begin{bmatrix} C_1 & 0 \end{bmatrix} \cdot \begin{bmatrix} x \\ x_k \end{bmatrix} + D_{12} u \tag{9.124}$$

ここで，
$$u = \begin{bmatrix} 0 & C_k \end{bmatrix} \cdot \begin{bmatrix} x \\ x_k \end{bmatrix}, \quad y = \begin{bmatrix} C_2 & 0 \end{bmatrix} \cdot \begin{bmatrix} x \\ x_k \end{bmatrix} + D_{21} w \tag{9.125}$$

である．(9.125)式を (9.123)式および (9.124)式に代入すると，次の関係式が得られる．

$$\begin{bmatrix} \dot{x} \\ \dot{x}_k \end{bmatrix} = \begin{bmatrix} A & B_2 C_k \\ B_k C_2 & A_k \end{bmatrix} \cdot \begin{bmatrix} x \\ x_k \end{bmatrix} + \begin{bmatrix} B_1 \\ B_k D_{21} \end{bmatrix} w \qquad (9.126)$$

$$z = \begin{bmatrix} C_1 & D_{12} C_k \end{bmatrix} \cdot \begin{bmatrix} x \\ x_k \end{bmatrix} \qquad (9.127)$$

これから，w から z への伝達関数 G_{zw} が次のように具体的な形で得られる．

$$\boxed{G_{zw} = \begin{bmatrix} C_1 & D_{12} C_k \end{bmatrix} \cdot \left(sI - \begin{bmatrix} A & B_2 C_k \\ B_k C_2 & A_k \end{bmatrix} \right)^{-1} \cdot \begin{bmatrix} B_1 \\ B_k D_{21} \end{bmatrix}} \qquad (9.128)$$

(3) 周波数領域における設計問題

H_∞ 制御は，周波数領域で H_∞ ノルムを定義することにより，種々の実際の問題に応用することができる．

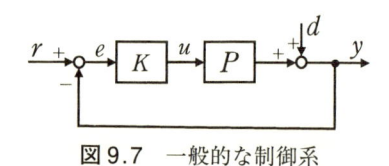

図 9.7 一般的な制御系

いま，図 9.7 の一般的な制御系を考える．この制御系の伝達関数は次のように与えられる．

$$e = S(r-d), \quad u = Ke = KS(r-d), \quad y = Sd + Tr \qquad (9.129)$$

ただし，

$$S = (I + PK)^{-1} \quad \textbf{（感度関数）} \qquad (9.130)$$

$$T = (I + PK)^{-1} PK = PK(I + PK)^{-1} \quad \textbf{（相補感度関数）} \qquad (9.131)$$

である．S は外部入力 r または外乱 d から誤差 e への伝達関数であり，誤差を小さくするためには S を小さくする必要がある．T は r から応答 y への閉ループ伝達関数である．なお，次の関係式がある．

$$S + T = I \qquad (9.132)$$

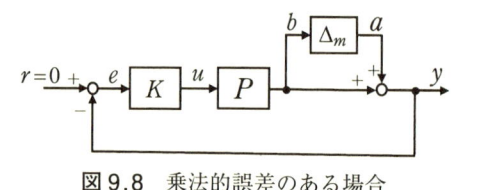

図 9.8 乗法的誤差のある場合 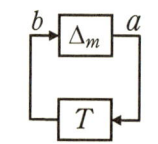　　　**図 9.9 等価制御系**

第9章 現代制御理論による解析法

また，乗法的誤差 Δ_m がある場合を図9.8に示す．このとき，a から b への伝達関数は次のように与えられる．

$$b = Ta \tag{9.133}$$

従って，図9.8のフィードバック制御系は，相補感度関数 T を用いて図9.9のように変形できる．これから，この制御系が安定であるためには，次式が成り立つ必要がある．

$$\|\Delta_m T\|_\infty < 1 \tag{9.134}$$

ここで，乗法的誤差 Δ_m のモデル化は難しいので，代わりに Δ_m の最大特異値を用いて

$$\bar{\sigma}\{\Delta_m(j\omega)\} < |W_m(j\omega)| \tag{9.135}$$

を満たす伝達関数 W_m を導入し，相補感度関数 T が次式

$$\|W_m T\|_\infty < 1 \tag{9.136}$$

を満足するようにすれば (9.134) 式は満たされる．

感度関数と相補感度関数を同時に小さくするには，評価関数を次式

$$\left\| \begin{array}{c} W_1 S \\ W_2 T \end{array} \right\|_\infty < 1 \tag{9.137}$$

とする．これは**混合感度問題**（mixed sensitivity problem）と呼ばれる．これは，一般化プラント

$$\begin{bmatrix} z \\ y \end{bmatrix} = \begin{bmatrix} G_{11} & G_{12} \\ G_{21} & G_{22} \end{bmatrix} \cdot \begin{bmatrix} w \\ u \end{bmatrix} \tag{9.138}$$

において

$$G_{11} = \begin{bmatrix} W_1 \\ 0 \end{bmatrix}, \quad G_{12} = \begin{bmatrix} -W_1 P \\ W_2 P \end{bmatrix}, \quad G_{21} = I, \quad G_{22} = -P \tag{9.139}$$

とおいた場合である．すなわち，z は2つの要素で

$$\begin{bmatrix} z_1 \\ z_2 \\ y \end{bmatrix} = \begin{bmatrix} W_1 & -W_1 P \\ 0 & W_2 P \\ I & -P \end{bmatrix} \cdot \begin{bmatrix} w \\ u \end{bmatrix} \tag{9.140}$$

と表される．このとき，具体的に w から z への伝達関数 G_{zw} を，(9.91) 式から求めてみると

$$G_{zw} = G_{11} + G_{12}K(I-G_{22}K)^{-1}G_{21} = \begin{bmatrix} W_1 \\ 0 \end{bmatrix} + \begin{bmatrix} -W_1 P \\ W_2 P \end{bmatrix} K(I+PK)^{-1}$$
$$= \begin{bmatrix} W_1\{I-PK(I+PK)^{-1}\} \\ W_2 PK(I+PK)^{-1} \end{bmatrix} = \begin{bmatrix} W_1(I+PK)^{-1} \\ W_2 PK(I+PK)^{-1} \end{bmatrix} = \begin{bmatrix} W_1 S \\ W_2 T \end{bmatrix} \quad (9.141)$$

となり，(9.137)式左辺の行列となることが確認できる．

このシステムが次式の伝達関数

$$\begin{cases} \dot{x} = Ax + B_1 w + B_2 u \\ z = C_1 x \quad\quad + D_{12} u \\ y = C_2 x + D_{21} w \end{cases} \quad (9.142)$$

とどのように対応しているかを考えてみよう．(9.140)式から

$$\begin{bmatrix} z_1 \\ z_2 \end{bmatrix} = \begin{bmatrix} W_1 \\ 0 \end{bmatrix} w + \begin{bmatrix} -W_1 P \\ W_2 P \end{bmatrix} u, \quad y = w - Pu \quad (9.143)$$

であり，ブロック図で表すと図9.10のようになる．

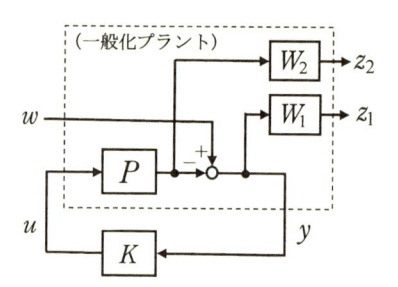

図 9.10 混合感度問題のブロック図

いま，

$$P = \frac{1}{s+a}, \quad W_1 = \frac{c}{s+b}, \quad W_2 = k\frac{s+e}{s+d} \quad (9.144\text{a})$$

として，(9.141)式を実際に求めてみよう．

$$x_1 = Pu = \frac{1}{s+a}u, \quad \therefore \dot{x}_1 = -ax_1 + u \quad (9.144\text{b})$$

$$z_1 = W_1(w-x_1) = \frac{c}{s+b}(w-x_1) = x_2, \quad \therefore \dot{x}_2 = -bx_2 + cw - cx_1 \quad (9.144\text{c})$$

$$z_2 = W_2 x_1 = k\frac{s+e}{s+d}x_1 = kx_1 + k\frac{e-d}{s+d}x_1 = kx_1 + kx_3,$$

第 9 章　現代制御理論による解析法　　　　　　　　　　115

$$\therefore x_3 = \frac{e-d}{s+d} x_1, \quad \therefore \dot{x}_3 = -dx_3 + (e-d)x_1 \tag{9.144d}$$

$$y = w - x_1 \tag{9.144e}$$

(9.144b)式~(9.144e)式より, (9.142)式の各行列が次のように得られる.

$$\begin{bmatrix} \dot{x}_1 \\ \dot{x}_2 \\ \dot{x}_3 \end{bmatrix} = \overset{(A)}{\begin{bmatrix} -a & 0 & 0 \\ -c & -b & 0 \\ (e-d) & 0 & -d \end{bmatrix}} \cdot \begin{bmatrix} x_1 \\ x_2 \\ x_3 \end{bmatrix} + \overset{(B_1)}{\begin{bmatrix} 0 \\ c \\ 0 \end{bmatrix}} w + \overset{(B_2)}{\begin{bmatrix} 1 \\ 0 \\ 0 \end{bmatrix}} u \tag{9.145a}$$

$$\begin{bmatrix} z_1 \\ z_2 \end{bmatrix} = \overset{(C_1)}{\begin{bmatrix} 0 & 1 & 0 \\ k & 0 & k \end{bmatrix}} \cdot \begin{bmatrix} x_1 \\ x_2 \\ x_3 \end{bmatrix} + \overset{(D_{12})}{\begin{bmatrix} 0 \\ 0 \end{bmatrix}} u \tag{9.145b}$$

$$y = \overset{(C_2)}{[-1\ 0\ 0]} \cdot \begin{bmatrix} x_1 \\ x_2 \\ x_3 \end{bmatrix} + \overset{(D_{21})}{[1]} w \tag{9.145c}$$

(4)　KMAP による演算方法

(a)　H_∞ 状態フィードバックの場合

まず, (9.99)式で表されるシステムの各行列 AP (A は KMAP では AP と標記), B1, B2, C1, の 0 以外のデータをインプットデータに記述する. ここで, 行列 B1 に対する外部入力数および行列 B2 に対する制御入力数はいずれも最大 3 つである.

行列データを設定した後, "H_∞ 状態フィードバック" の演算は, 下記の関数を呼び出すことにより実行される.

　　　{OptC(AP,B2,CP)6} I4J2K4;

この演算呼び出しの I, J, K の後の数は, それぞれ AP, B2, C2 に対応した状態変数の数, 制御入力の数, 応答出力の数である.

(b)　一般 H_∞ 制御の場合

まず, (9.109)式で表されるシステムの各行列 AP (A は KMAP では AP と

標記），B1, B2, C1, C2, D12, D21 の 0 以外のデータをインプットデータに記述する．ここで，行列 B1 に対する外部入力数および行列 B2 に対する制御入力数はいずれも最大 3 つである．行列 D12 および D21 のインプットデータには，"D" の文字を省略しているので注意する．

行列データを設定した後，"一般 H_∞ 制御"の演算は，下記の関数を呼び出すことにより実行される．

　　　{OptC(AP,B2,CP) 7} I4J2K1;

細部の使い方は以下の演習の中で述べる．

[演習 9.8] 次式で表されるシステムにおいて，w から z への伝達関数 G_{zw} の H_∞ ノルムが，$\|G_{zw}\|_\infty < \gamma$ を満たす H_∞ 状態フィードバックゲイン K を求めよ．ただし，$\gamma = 1.0$ とする．

$$\begin{cases} \dot{x} = Ax + B_1 w + B_2 u \\ z = C_1 x \\ u = Kx \end{cases} \quad (H_\infty 状態フィードバック) \quad (1)$$

$$A = \begin{bmatrix} 0 & 1 \\ -4 & -0.4 \end{bmatrix}, \quad B_1 = \begin{bmatrix} 0 \\ 1 \end{bmatrix}, \quad B_2 = \begin{bmatrix} 0 \\ 4 \end{bmatrix}, \quad C_1 = 10 \quad (2)$$

(解答)

KMAP のインプットデータの作成は以下のように行う．
（インプットデータ EIGE.W318.SEIGYO64.DAT 参照）

まず，(1)式のシステムの状態変数は 2 次であるから，インプットデータの 2 行目の NXP は 2 とする．

(2)式〜(3)式の行列の入力は，A(1, 2) に 1 を格納するには，

　　　AP(I1, J2); 　　　1.0

とする．ここで，AP は A 行列のことである．(I1, J1) の I および J の後の番号は行列の要素の位置を表す．なお，行列の要素の設定は 0 以外の部分のみ設定すればよい．

$\|G_{zw}\|_\infty < \gamma$ における伝達関数 G_{zw} は自動的に計算されるが，γ および ε の値は計算実行中にユーザがキーインして指定する．

第9章 現代制御理論による解析法

KMAPのインプットデータの主要部を下記に示す.

```
31  //行列データ設定
32  AP(I1,J2);              0.1000E+01  (←A行列の設定)
33  AP(I2,J1);             -0.4000E+01
34  AP(I2,J2);             -0.4000E+00
35  //
36  B1(I2,J1);              0.1000E+01  (←B1行列の設定)
37  //(コントロール入力)=(Z1,Z3,Z5)
38  B2(I2,J1);              0.4000E+01  (←B2行列の設定)
39  //
40  C1(I1,J1);              0.1000E+02  (←C1行列の設定)
41  //最適制御(Hinf)
42  {OptC(AP,BP,B2,CP)6}I2J1K11;        (←H∞状態フィードバック演算呼び出し)
43  //ゲインは,H1〜                      (←H1,H2…にフィードバックゲインが格納される)
44  //x1〜=Z6〜                          (←Z6,Z7…に状態変数x1,x2…の値が格納される)
45  Z20=U1*G;               0.1000E+01  (←U1は外部入力)
46  Z11=Z6*H1;
47  Z12=Z7*H2;
48  Z13=Z11+Z12;
49  Z16=Z13*G;  (F/B)       0.1000E+01
50  //
51  Z35=-Z20-Z16;
52  Z1={RGAIN(De)}Z35;                  (←Z1は制御入力)
53  //
58  //シミュレーション用出力(Z191〜Z200)
59  //(このデータがTES6.DATに入る)
60  Z191=Z6*G;  (x1)        0.1000E+01  (←シミュレーション用出力設定)
61  Z192=Z7*G;  (x2)        0.1000E+01
62  Z193=Z20*G; (input)     0.1000E+01
```

(なお,このデータの全体は EIGE.W318.SEIGYO64.DAT)

計算結果を以下に示す.

```
----(INPUT)---- NAERO=110
(NAERO=110) Z1 (閉ループ)
(入力) Uj, j=1:(U1)  /  (出力) Ri, i=4:(R6), 5:(
----(INPUT)---- Uj, j=1
----(INPUT)---- Ri, i=4
.....<<< H∞状態フィードバック制御 >>>>......
----(INPUT)----    γ  =1
----(INPUT)----    ε  =0.1
....AP.......  NI=  2   NJ=  2
  0.0000D+00    0.1000D+01
 -0.4000D+01   -0.4000D+00

....B1.......  NI=  2   NJ=  1
  0.0000D+00
  0.1000D+01

....B2.......  NI=  2   NJ=  1
  0.0000D+00
  0.4000D+01
```

```
....C1.......  NI= 1  NJ= 2
  0.1000D+02   0.0000D+00

      <<< P*A +AT*P -P*EW*P +QW=0 >>>
         ( EW=-B1*B1T/γ2 +B2*B2T/EPS )
         ( QW=CT*C+EPS*I              )
<O MATRIX>... NI= 2  NJ= 2
 -0.1804D-05  -0.2848D-06
 -0.4157D-06  -0.3422D-07

....P.......  NI= 2  NJ= 2
  0.1625D+02   0.7687D+00
  0.7687D+00   0.1263D+00

   (K=-F に注意)
F;(u=-F・X)... NI= 1  NJ= 2
  0.1537D+02   0.2526D+01

...( 特異値線図データを TES7.DAT に格納 ).......
.....<<< 全体閉ループ >>>.......
********(フィードバック前の極チェック)**********
POLES( 2), EIVMAX=  0.200D+01
  N      REAL              IMAG
  1   -0.20000000D+00   -0.19899749D+01
  2   -0.20000000D+00    0.19899749D+01
*************************************************
(以下の解析結果はインプットデータの制御則による)
***** POLES AND ZEROS *****
POLES( 2), EIVMAX=  0.440D+01
  N      REAL              IMAG
  1   -0.52520201D+01   -0.61572270D+01
  2   -0.52520201D+01    0.61572270D+01
ZEROS( 0), II/JJ= 4/ 1, G=0.500D+01
  N      REAL              IMAG
```

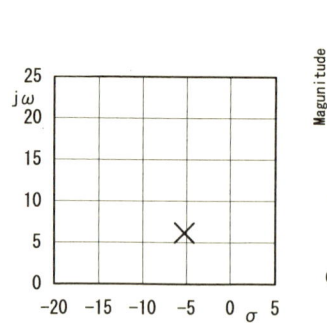

図(a)　極・零点配置
(EIGE.W318.SEIGYO64.DAT)

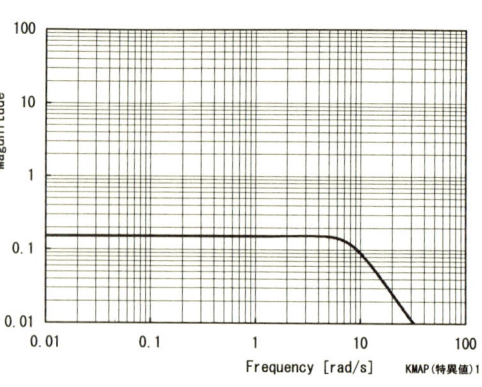

図(b)　G_{zw} の H_∞ ノルム（特異値）
($\gamma=1$, $\varepsilon=0.1$)

第9章 現代制御理論による解析法

［演習9.9］ 次式で表されるシステムにおいて，w から z への伝達関数 G_{zw} の H_∞ ノルムが，$\|G_{zw}\|_\infty < \gamma$ を満たす観測量 y を入力とする H_∞ 制御器 $K(s)$ を求めよ．ただし，$\gamma=1.0$ とする．

$$\begin{cases} \dot{x} = Ax + B_1 w + B_2 u \\ z = C_1 x \quad\quad\;\; + D_{12} u \\ y = C_2 x + D_{21} w \end{cases} \quad (\text{一般 } H_\infty \text{ 制御}) \quad (1)$$

$$A = \begin{bmatrix} -0.1 & 3 & 3 & 0 \\ 0 & -1 & 0 & 0 \\ 0 & 0 & -3 & 0 \\ 0 & 0 & 0 & -8 \end{bmatrix}, \; B_1 = \begin{bmatrix} 3 & 0 \\ 0 & 10 \\ 0 & 20 \\ 0 & 0 \end{bmatrix}, \; B_2 = \begin{bmatrix} 0 \\ -10 \\ -20 \\ -4 \end{bmatrix} \quad (2)$$

$$C_1 = \begin{bmatrix} 1 & 0 & 0 & 0 \\ 0 & 0 & 0 & -2 \end{bmatrix}, \; C_2 = [0 \; 1 \; 1 \; 0], \; D_{12} = \begin{bmatrix} 0 \\ -1 \end{bmatrix}, \; D_{21} = [1 \; 0] \quad (3)$$

（解答）

（インプットデータ EIGE.W318.SEIGYO62A.DAT 参照）

(1)式のシステムの状態変数は4次であるから，インプットデータの2行目の NXP は4とする．

(2)式～(3)式の行列 AP（A は KMAP では AP と標記），B1, B2, C1, C2, D12, D21 の0以外のデータをインプットデータに記述する．行列の要素の設定は0以外の部分のみ設定すればよい．

$\|G_{zw}\|_\infty < \gamma$ における伝達関数 G_{zw} は自動的に計算されるが，γ の値は計算実行中にユーザがキーインして指定する．

KMAP のインプットデータの主要部を下記に示す．

```
31  Z29=U1*G;                      0.1000E+01  (←U1 は外部入力)
32  //行列データ設定
33  AP(I1,J1);                    -0.1000E+00  (←A 行列の設定)
34  AP(I1,J2);                     0.3000E+01
35  AP(I1,J3);                     0.3000E+01
36  AP(I2,J2);                    -0.1000E+01
37  AP(I3,J3);                    -0.3000E+01
38  AP(I4,J4);                    -0.8000E+01
39  //
40  B1(I1,J1);                     0.3000E+01  (←B1 行列の設定)
41  B1(I2,J2);                     0.1000E+02
42  B1(I3,J2);                     0.2000E+02
43  //(コントロール入力)=(Z1,Z3,Z5)
```

```
44    B2(I2,J1);                  -0.1000E+02  (←B2 行列の設定)
45    B2(I3,J1);                  -0.2000E+02
46    B2(I4,J1);                  -0.4000E+01
47    //
48    C1(I1,J1);                   0.1000E+01  (←C1 行列の設定)
49    C1(I2,J4);                  -0.2000E+01
50    C2(I1,J2);                   0.1000E+01  (←C2 行列の設定)
51    C2(I1,J3);                   0.1000E+01
52    12(I2,J1);                  -0.1000E+01  (←D12 行列の設定)
53    21(I1,J1);                   0.1000E+01  (←D21 行列の設定)
54    //最適制御(Hinf)
55    {OptC(AP,BP,B2,CP)7}I4J1K1;              (←一般 H∞制御演算呼び出し)
56    //H∞制御系器出力は Z13
57    Z1=Z13+Z29;                              (←Z1 は制御入力)
58    //-------------------------
59    //シミュレーション用出力(Z191～Z200)
60    //(このデータが TES6.DAT に入る)
61    Z191=Z6*G; (x1)              0.1000E+01  (←シミュレーション用出力設定)
62    Z192=Z7*G; (x2)              0.1000E+01
63    Z193=Z29*G; (input)          0.1000E+01
```

(なお，このデータの全体は EIGE.W318.SEIGY062A.DAT)

計算結果を以下に示す．

```
----(INPUT)---- NAERO=110
(NAERO=110) Z1 (閉ループ)
(入力) Uj, j=1:(U1) / (出力) Ri, i=4:(R6), 5:(R7),‥‥
----(INPUT)---- Uj, j=1
----(INPUT)---- Ri, i=4
.....<<< 一般 H∞制御 >>>>......
----(INPUT)----   γ =1
....AP......  NI= 4  NJ= 4
 -0.1000D+00    0.3000D+01    0.3000D+01    0.0000D+00
  0.0000D+00   -0.1000D+01    0.0000D+00    0.0000D+00
  0.0000D+00    0.0000D+00   -0.3000D+01    0.0000D+00
  0.0000D+00    0.0000D+00    0.0000D+00   -0.8000D+01

....B1......  NI= 4  NJ= 2
  0.3000D+01    0.0000D+00
  0.0000D+00    0.1000D+02
  0.0000D+00    0.2000D+02
  0.0000D+00    0.0000D+00

....B2......  NI= 4  NJ= 1
  0.0000D+00
 -0.1000D+02
 -0.2000D+02
 -0.4000D+01

....C1......  NI= 2  NJ= 4
  0.1000D+01    0.0000D+00    0.0000D+00    0.0000D+00
  0.0000D+00    0.0000D+00    0.0000D+00   -0.2000D+01
```

第9章 現代制御理論による解析法　　　　　　　　　　　　121

```
....C2.......  NI=  1  NJ=  4
  0.0000D+00      0.1000D+01     0.1000D+01      0.0000D+00

....D12......  NI=  2  NJ=  1
  0.0000D+00
 -0.1000D+01

....D21......  NI=  1  NJ=  2
  0.1000D+01      0.0000D+00
%%%%%%%%%%%%%%%%%%%%%%%%%%%%%%%%%%%%%%%%%%
      <<< X*AW +AWT*X -X*EW*X +QW=0 >>>
      ( AW=A -B2・H12・D12T・C1           )
      ( EW=-B1・B1T/γ2 +B2・H12・B2T     )
      ( QW=C1T・(I -D12・H12・D12T)・C1 )

--- (AF=A+B1・Fw+B2・Fu)が安定かどうかチェック ---
POLES( 4),  EIVMAX=  0.897D+01
    N         REAL              IMAG
    1    -0.89480135D+01     0.00000000D+00
    2    -0.44473519D+01    -0.77907604D+01     ζ= 0.4958E+00
    3    -0.44473519D+01     0.77907604D+01
    4    -0.16664575D+01     0.00000000D+00
%%%%%%%%%%%%%%%%%%%%%%%%%%%%%%%%%%%%%%%%%%
      <<< Y*AW +AWT*Y -Y*EW*Y +QW=0 >>>
      ( AW=AT -C2T・H21・D21・B1T         )
      ( EW=-C1T・C1/γ2 +C2T・H21・C2    )
      ( QW=B1・(I -D21T・H21・D21)・B1T )

--- (AL=A+Lz・C1+Ly・C2)が安定かどうかチェック ---
POLES( 4),  EIVMAX=  0.301D+02
    N         REAL              IMAG
    1    -0.30120333D+02     0.00000000D+00
    2    -0.80000000D+01     0.00000000D+00
    3    -0.16629935D+01     0.00000000D+00
    4    -0.10000000D+00     0.00000000D+00
--- λmax(YX)<γ2 が成り立つかどうかチェック ---
POLES( 4),  EIVMAX=  0.491D+00
    N         REAL              IMAG
    1     0.00000000D+00     0.00000000D+00
    2     0.00000000D+00     0.00000000D+00
    3     0.00000000D+00     0.00000000D+00
    4     0.49139166D+00     0.00000000D+00
   γ2=         1.000000
========== （K∞制御器） ==========
...Ak......  NI=  4  NJ=  4
 -0.1000D+00     0.0000D+00     0.0000D+00     0.0000D+00
 -0.1713D+02    -0.2856D+02    -0.2689D+02    -0.1667D+00
 -0.3264D+02    -0.5201D+02    -0.5371D+02     0.4492D+00
 -0.7602D+01    -0.3157D+01    -0.2766D+01    -0.1137D+02

...Bk......  NI=  4  NJ=  1
  0.3000D+01
  0.2186D+02
  0.4103D+02
  0.0000D+00
```

```
   ...Ck...  ...  NI=  1  NJ=  4
      0.1901D+01    0.7893D+00    0.6916D+00    0.8430D+00

====================================
(一般 H∞ 制御器 u=K(s)y の極・零点)
***** POLES AND ZEROS *****
POLES( 4), EIVMAX=  0.806D+02
   N       REAL              IMAG
   1   -0.80576428D+02    0.00000000D+00
   2   -0.11394428D+02    0.00000000D+00
   3   -0.16665152D+01    0.00000000D+00
   4   -0.10000000D+00    0.00000000D+00
ZEROS( 3), II/JJ= 1/ 1, G=  0.513D+02
   N       REAL              IMAG
   1   -0.80000000D+01    0.00000000D+00
   2   -0.70284881D+01    0.00000000D+00
   3   -0.16435118D+01    0.00000000D+00
(さらに u=K(s)y の極・零点を計算しますか?  Yes=1, No=0)
0
...( 特異値線図デ゛ータを TES7.DAT に格納 )......
********(フィードバック前の極チェック)*********
POLES( 4), EIVMAX=  0.800D+01
   N       REAL              IMAG
   1   -0.80000000D+01    0.00000000D+00
   2   -0.30000000D+01    0.00000000D+00
   3   -0.10000000D+01    0.00000000D+00
   4   -0.10000000D+00    0.00000000D+00
********(閉ループ伝達関数 Gwz の極・零点)*********
***** POLES AND ZEROS *****
POLES( 8), EIVMAX=  0.507D+02
   N       REAL              IMAG
   1   -0.50693867D+02    0.00000000D+00
   2   -0.30120333D+02    0.00000000D+00
   3   -0.80000000D+01    0.00000000D+00
   4   -0.67963195D+01   -0.31519713D+01     ζ = 0.9072E+00
   5   -0.67963195D+01    0.31519713D+01
   6   -0.16675381D+01    0.00000000D+00
   7   -0.16629935D+01    0.00000000D+00
   8   -0.10000000D+00    0.00000000D+00
ZEROS( 7), II/JJ= 1/ 1, G=  0.300D+01
   N       REAL              IMAG
   1   -0.80576428D+02    0.00000000D+00
   2   -0.11394428D+02    0.00000000D+00
   3   -0.80000000D+01    0.00000000D+00
   4   -0.30000000D+01    0.00000000D+00
   5   -0.16665152D+01    0.00000000D+00
   6   -0.10000000D+01    0.00000000D+00
   7   -0.10000000D+00    0.00000000D+00
*************************************************
          (以下の結果も行列演算による)
***** POLES AND ZEROS *****
POLES( 8), EIVMAX=  0.507D+02
   N       REAL              IMAG
   1   -0.50693867D+02    0.00000000D+00
   2   -0.30120333D+02    0.00000000D+00
   3   -0.80000000D+01    0.00000000D+00
```

第9章　現代制御理論による解析法

```
4    -0.67963195D+01    -0.31519713D+01      ζ = 0.9072E+00
5    -0.67963195D+01     0.31519713D+01
6    -0.16675381D+01     0.00000000D+00
7    -0.16629935D+01     0.00000000D+00
8    -0.10000000D+00     0.00000000D+00
ZEROS( 6),  II/JJ= 4/ 1,  G= -0.900D+02
N       REAL               IMAG
1    -0.80576428D+02     0.00000000D+00
2    -0.11394428D+02     0.00000000D+00
3    -0.80000000D+01     0.00000000D+00
4    -0.16666667D+01     0.00000000D+00
5    -0.16665152D+01     0.00000000D+00
6    -0.10000000D+00     0.00000000D+00
```

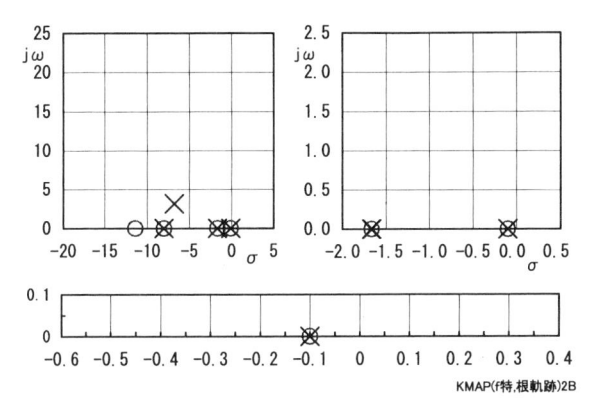

図(a)　閉ループの極・零点（出力 4(x1) / 入力 1）
　　　　（EIGE.W318.SEIGYO62A.DAT）

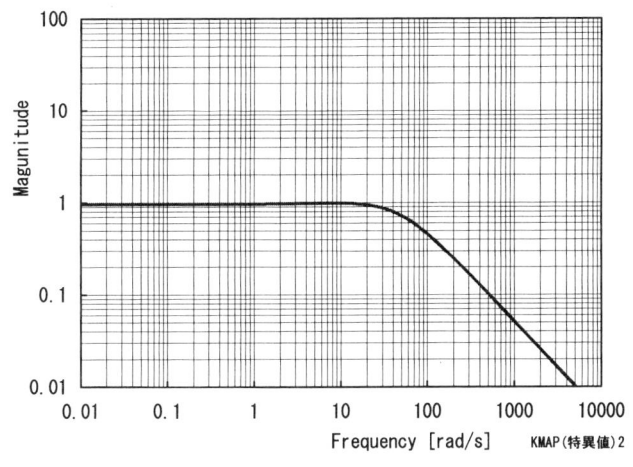

図(b)　伝達関数 G_{zw} の H_∞ ノルム（特異値）（$\gamma = 1$）

第10章　解析プログラムKMAPの使い方

　前章までは制御工学の基礎事項について述べた．本章では，実際に制御工学の問題を解くのに便利な解析プログラム KMAP の使い方について述べる．本書の演習問題を解く場合，自分で電卓をたたく必要はなく，KMAP を利用すればよい．この KMAP は，実際の制御系設計問題に際して十分活用できるツールである．特に航空機の飛行制御問題については多くの適用例がある．KMAP は本書を購入した読者がダウンロードして使用できるので，実際の設計作業に効率的に使っていただければ幸いである．

10.1　全　　般

　解析プログラム KMAP は，制御系の状態方程式や制御ブロック図等の情報を持つインプットデータにより解析演算が実施される．インプットデータは，C:¥KMAP フォルダー内にユーザーが"**ファイル名 .DAT**"という形式で準備して，このファイルに制御系のデータを記入していく．DAT ファイルは，Windows の"Notepad"（メモ帳）からファイルを開いても作成できるが，既存のデータをコピー，ファイル名を入れて KMAP を起動すれば，オンラインでデータを追記修正することができる．

10.2　状態方程式で表される場合

　具体的な演習を通して説明しよう．演習 10.1 は，ばねの 2 自由度振動問題である．状態方程式を求め，KMAP で解析する．

[演習 10.1]
演習 3.6 において検討した右図の振動系について，KMAP により次のケースの解析を行え．
m_1=1kg，m_2=10kg，k_1=500N/m，k_2=1000N/m，
$f_1(t)$ は 100N の力を 1 秒間かけるものとする．

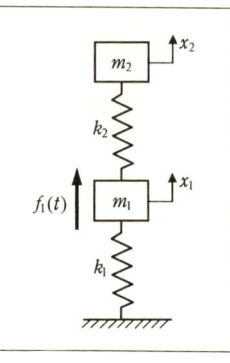

この演習を解くための手順を以下に示す．

(1) A_p 行列および B_2 行列の式

この演習は，演習 3.6 で解析式が既にもとめられており，状態方程式の A_p 行列および B_2 行列が次式で表される．

$$A_p = \begin{bmatrix} 0 & 0 & 1 & 0 \\ 0 & 0 & 0 & 1 \\ -\dfrac{k_1+k_2}{m_1} & \dfrac{k_2}{m_1} & 0 & 0 \\ \dfrac{k_2}{m_2} & -\dfrac{k_2}{m_2} & 0 & 0 \end{bmatrix}, \quad B_2 = \begin{bmatrix} 0 & 0 & 0 \\ 0 & 0 & 0 \\ \dfrac{1}{m_1} & 0 & 0 \\ 0 & 0 & 0 \end{bmatrix} \tag{1}$$

(2) KMAP 用インプットデータ作成

① タイトル，状態方程式次元数，シミュレーション時間の入力
（タイトルの最初の 4 文字は"EIGE"とすること）

```
EIGE.W318.SEIGY016.DAT(ばねの2自由度振動)   (←データ名，1～4は"EIGE"とする)
NXP          =    4                        (←状態方程式の次元)
tmax(s)      =    5.000                    (←シミュレーション計算時間(s))
```

② 外部入力（時間関数）の設定
（外部入力は U1，U3，U5 の 3 個まで使用可能）

第10章　解析プログラム KMAP の使い方　　　　　127

```
1.NU1------> 6              (←外部入力 U1 の時間折れ点数)
   T , U1    0.00    0.00   (←U1 の時間(s)と数値)
             0.50    0.00     (この場合 6 点入力)
             0.51  100.00
             1.51  100.00   (折れ点の数は 20 個まで可能)
             1.52    0.00
            60.00    0.00   (端の値以上はその端の値が用いられる)
3.NU3------> 2
   T , U3    0.00    0.00
            60.00    0.00
5.NU5------> 4
   T , U5    0.00    0.00
             2.00    0.00
             4.00    0.00
            60.00    0.00
```

③　注意事項等の説明

　　　(最初に "//" とするとコメント文 (37 カラムまで))

```
*****************************************************************
積分数,IRIG,TDEBUG 時間,補間関数      6   0    0.00
       <Control System Data>        Hi *---GAIN----NCAL*NO1*NO2*NO3*NGO*LNO
 1  //(注 1)制御文は 6～37 カラムに記述.
 2  //(注 2)コメント文も 37 カラムまで可能.
 3  //(注 3)NAERO=11,110,
 4  //      NAERO=12,120,
 5  //      NAERO=13,130 のとき,
 6  //      それぞれ入力 U1 の応答,
 7  //      入力 U2 の応答,入力 U3 の
 8  //      応答が得られる. また,
 9  //      関数{RGAIN(De)},                  (注意事項等の説明)
10  //      関数{RGAIN(Df)},                  (ユーザは変更不要)
11  //      関数{RGAIN(DT)} を用い
12  //      てそれぞれ入力端 U1,U2,
13  //      U3 にてゲイン変化させた場
14  //      合の根軌跡が得られる.
15  //(注 4)コントロール入力は Z1,Z3,Z5 の
16  //      3 つまで.このとき,対応
17  //      するデータを行列 B2(NXP 行,
18  //      3 列)に準備する.ただし,
19  //      NXP=0 のときは制御則に
20  //      直接関係式を記述する.
21  //(注 5)Xi(i=2+NXP～ 50),
22  //      Zi(i=6+NXP～200),
23  //      Ri(i=6+NXP～ 40)
24  //      をユーザが使用可能.
25  //(注 6)Zi(i=6～NXP),
26  //      Ri(i=6～NXP) は
27  //      状態変数データに設定済み.
28  //(注 7)制御則は 400 行使用可能
29  //------------------------
```

④ 状態方程式の設定

(A_p 行列および B_2 行列の作成)

(";" の後は 37 カラムまでコメント記入してよい)

(最初の文番号は自動的に付加されるので記入不要)

```
30   //AP,B2 行列ﾃﾞｰﾀ設定
31   H1=G;   (m1)                     0.1000E+01   (←H1～H11 にデータを設定)
32   H2=G;   (m2)                     0.1000E+02
33   H3=G;   (k1)                     0.5000E+03
34   H4=G;   (k2)                     0.1000E+04
35   H5=H3+H4;
36   H6=H5/H1;
37   H7=H6*G;  -(k1+k2)/m1           -0.1000E+01
38   H8=H4/H1; (k2/m1)
39   H9=H4/H2; (k2/m2)
40   H10=H9*G; -(k2/m2)              -0.1000E+01
41   H11=G;                           0.1000E+01
42   AP(I1,J3)H11;                                 (←AP 行列を設定)
43   AP(I2,J4)H11;
44   AP(I3,J1)H7;
45   AP(I3,J2)H8;
46   AP(I4,J1)H9;
47   AP(I4,J2)H10;
48   //(ｺﾝﾄﾛｰﾙ入力)=(Z1,Z3,Z5)
49   H12=H11/H1; (1/m1)
50   B2(I3,J1)H12;                                 (←B2 行列を設定)
51   //
52   {Print(AP,B2,CP)}I2,J1,K1;                    (←AP,B2,CP 行列を書き出す)
```

⑤ 制御入力の設定

(制御入力は Z1, Z3, Z5 の 3 個まで使用可能)

```
53   //(ｺﾝﾄﾛｰﾙ Z1 に強制力ｲﾝﾌﾟｯﾄ)
54   Z1=U1*G;                        -0.1000E+01   (←ｺﾝﾄﾛｰﾙ入力を設定)
55   //
```

⑥ 安定性解析出力の設定

(状態方程式を用いる場合は自動的に設定済み)

(その他追加する場合は、R(6+NXP)から追加設定する)

(今回のケースでは追加設定なしで、下記コメントのみ)

```
56   //------------------------
57   //安定解析出力に追加する場合
58   //は、下記に R(6+NXP)～ を設定.
59   //(実際の出力順は Y(4+NXP)～)     (追加する場合はこの行の後に追加)
```

第10章　解析プログラム KMAP の使い方　129

⑦　シミュレーション用出力の設定

　　　（これらのデータは TES6.DAT ファイルに保存される）

```
60  //シミュレーション用出力(Z191～Z200)
61  //(このデータが TES6.DAT に入る)
62  Z191=Z6*G;  (x1)              0.1000E+01   (←シミュレーション用出力を設定)
63  Z192=Z7*G;  (x2)              0.1000E+01
64  //
```

⑧　END 文の設定

　　　（2つの END 文と，最後の "--(DATA END)--" の行を入れる）

```
65  //(最後に次の END 文が必要)
66  {Pitch Data END};
67  {Control Data END};
--------------------------(DATA END)--------------------------------------
```

（なお，このデータの全体は EIGE.W318.SEIGYO16.DAT）

(3)　KMAP による演算実行

①　安定性解析（パソコン画面出力）

```
C:¥KMAP>KMAPXX                  (←C:¥KMAP ホルダーにてプログラム名キーイン)
File name missing or blank - please enter file name
UNIT 8?EIGE.W318.SEIGYO16.DAT          (←データ名キーイン)
          EIGE.W318.SEIGYO16.DAT(ばねの2自由度振動)
--------------------------(DATA END)--------------------------------------
  1 = 制御則
  3 = パイロット操舵
  4 = デバッグ時間
●何を修正しますか？(番号キーイン)，修正なし(完了)=0
0                                       (←修正なしなら0キーイン)
--------------------------------------------------------------------------
制御則データ：エラーなし            (←制御則が OK なら，エラーなし表示)
  (Zi)i=   1  3  5  6  7 191 192        (←Z の使用済み番号  )
  (Xi)i=   1  2  3  4  5  6             (←X の    "         )
  (Di)i=                                (←D の    "         )
  (Hi)i=   1  2  3  4  5  6  7  8  9 10 11 12  (←H の  "    )
  (Ri)i=   1  2  3  4  5                (←R の    "         )
******************************(Q4)****************************************
Aircraft Motion has started …
…IPRNT=2 : Stability Analysis…….      (←以下，安定性解析実施)
NAERO=11  : Z1 (F/B 有)
NAERO=110 ; Z1 (閉ループ)
NAERO=12  : Z3 (F/B 有)
NAERO=120 ; Z3 (閉ループ)
NAERO=13  : Z5 (F/B 有)
NAERO=130 ; Z5 (閉ループ)
```

```
----(INPUT)---- NAERO=110                          (←"Z1（閉ループ）"選択)
(NAERO=110) Z1（閉ループ）
(入力) Uj, j=1:(U1)  /  (出力) Ri, i=4:(R6), 5:(R7), ‥‥
----(INPUT)---- Uj, j=1                            (←入力は U1 選択)
----(INPUT)---- Ri, i=4                            (←出力は R6 選択)
....AP......  NI= 4  NJ= 4                         (←AP 行列を表示)
  0.0000D+00     0.0000D+00     0.1000D+01     0.0000D+00
  0.0000D+00     0.0000D+00     0.0000D+00     0.1000D+01
 -0.1500D+04     0.1000D+04     0.0000D+00     0.0000D+00
  0.1000D+03    -0.1000D+03     0.0000D+00     0.0000D+00

....B2......  NI= 4  NJ= 3                         (←B2 行列を表示)
  0.0000D+00     0.0000D+00     0.0000D+00
  0.0000D+00     0.0000D+00     0.0000D+00
  0.1000D+01     0.0000D+00     0.0000D+00
  0.0000D+00     0.0000D+00     0.0000D+00
***** POLES AND ZEROS *****
POLES( 4), EIVMAX=  0.396D+02                      (←極を表示)
 N     REAL              IMAG
 1   0.00000000D+00   -0.39599426D+02
 2   0.00000000D+00   -0.56467181D+01
 3   0.00000000D+00    0.56467181D+01
 4   0.00000000D+00    0.39599426D+02
ZEROS( 2), II/JJ= 4/ 1, G= -0.100D+01              (←零点を表示)
 N     REAL              IMAG
 1   0.00000000D+00   -0.10000000D+02
 2   0.00000000D+00    0.10000000D+02
```

この結果から，極の値から次の 2 つの振動が生じることがわかる．

$$\text{周期 } P_1 = \frac{2\pi}{39.6} = 0.159 \text{ (sec)}, \quad \text{振動数 } f_1 = \frac{1}{P_1} = 6.3 \text{ (Hz)}$$

$$\text{周期 } P_2 = \frac{2\pi}{5.65} = 1.11 \text{ (sec)}, \quad \text{振動数 } f_2 = \frac{1}{P_2} = 0.90 \text{ (Hz)}$$

② 安定性解析結果（Excel 図出力）

添付の Excel ファイル"KMAP（f 特，根軌跡）XX.xls"を起動し，データ更新すると，図(a)の極・零点が得られる．

第 10 章　解析プログラム KMAP の使い方　　131

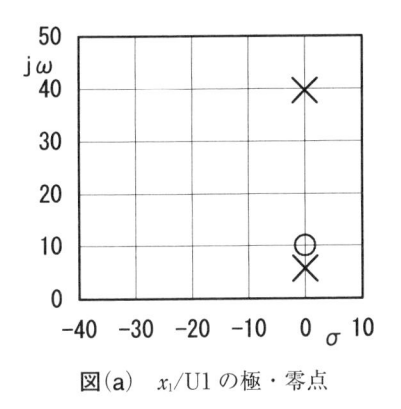

図(a)　$x_1/U1$ の極・零点

③　シミュレーション解析結果（Excel 図出力）

シミュレーション解析は，安定性解析と同時に実施される．シミュレーション計算結果は，**C:¥KMAP¥TES6.DAT** のファイルに Z191 ～ Z200 の値が表 10.1 に示す順で書き込まれる．従って，ユーザーは必要な変数を制御則データの Z191 ～ Z200 に定義することにより TES6.DAT ファイルに書き出し，EXCEL 等で図を作成することができる．

表 10.1　シミュレーション用データファイル（TES6.DAT）

N	(1)	(2)	(3)	(4)	(5)
[NPL] 連続番号	TIME (sec)	Z191	Z192	Z193	Z194
(6)	(7)	(8)	(9)	(10)	(11)
Z195	Z196	Z197	Z198	Z199	Z200

添付の Excel ファイル "KMAP（Simu5）XX.xls" を利用すると，図(b) のシミュレーション図が得られる．

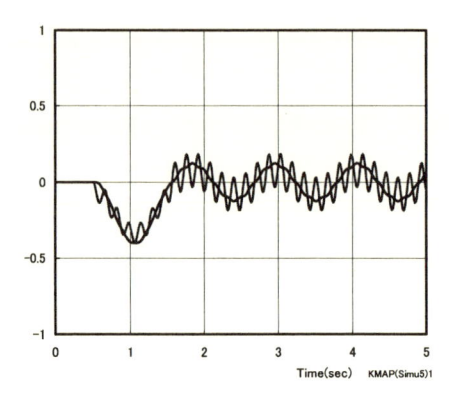

図(b) シミュレーション
(x_1:短周期, x_2:長周期)

ここで，Excel の図をワード等の資料に取り込む方法について若干説明しておく．Excel ファイルを起動したときに最初に出てくるグラフは，前回の計算結果が残っている状態である（図(c)）．

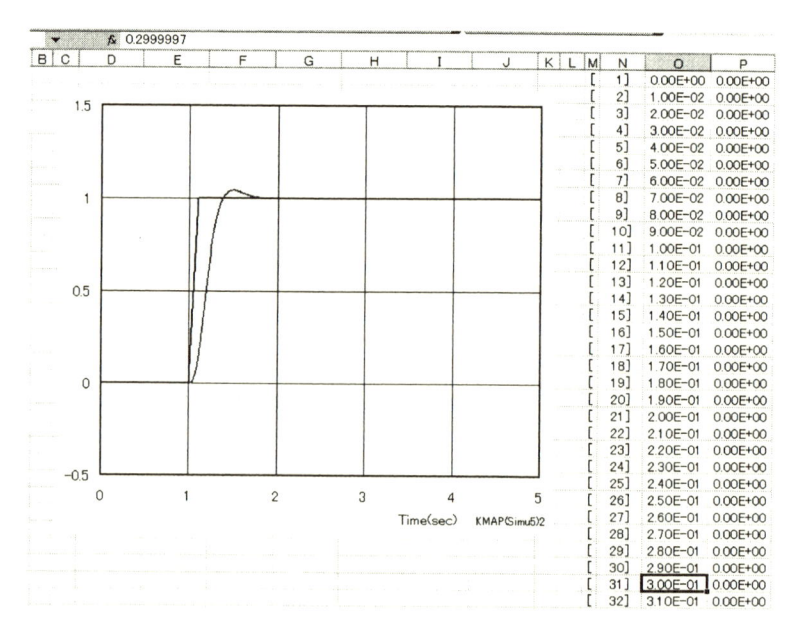

図(c) 最初に出てくるグラフ（前回の結果）

第10章　解析プログラム KMAP の使い方　　　　　　　　　　　　　133

　次に，今回計算したデータを新しく読み込んでグラフを描く．それには，図(c)の画面の右のデータ部分のセルを右クリックして「**データ更新**」をクリックし，さらに「**インポート**」をクリックすると今回計算した新しいデータが読み込まれる．表示されたグラフを直接印刷しても良いが，ワード等のワープロファイルに貼り付けて利用することが可能である．その方法は図(d)に示すように，Excel ファイルの左上 C2 セルから左クリックしながら右下まで広げて範囲を設定（図(d)で太線で囲まれた部分）した後，画面上の編集タグからコピーを実行すると，クリップボードに時歴がコピーされる．

　この後，自分で準備した Word 等のワープロファイルに移り，編集タグの「**形式を選択して貼り付け**」，「**図(拡張メタファイル))**」をクリックすると，ワープロに貼り付けることができる．この方法により貼り付けを行うと，グラフの品質が良い状態で取り込める．その結果が本資料の図(b)である．

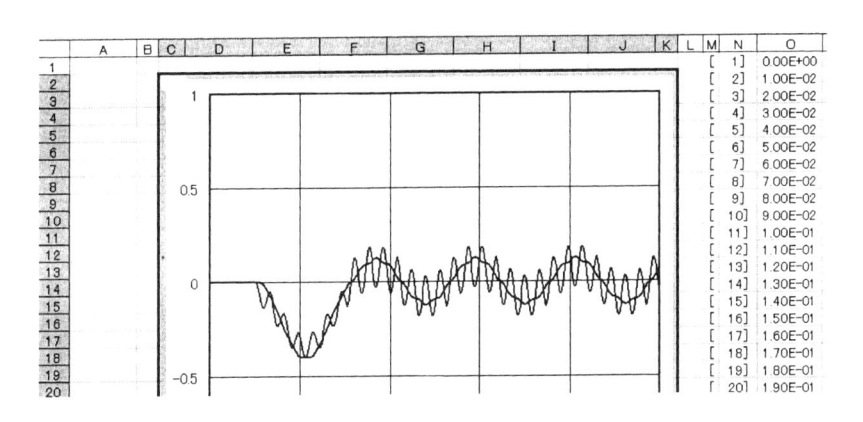

図(d)　グラフをコピーする範囲を設定

④　シミュレーション解析結果（Excel 図出力）（その2）
　シミュレーション計算結果のうち，特に航空機の運動表示用の Excel 図を利用できるよう，<u>C:¥KMAP¥TES1.DAT</u> のファイルに次のフォーマットで書き込まれる．従って，下記の Z 番号にシミュレーション結果を出力設定すると，既存の KMAP（時歴）Excel 図を利用することができる．

表10.2 シミュレーション用データファイル (TES1.DAT)

[NPL] 連続番号	TIME (sec)	Z173 α (deg)	Z174 β (deg)	Z175 p (deg/s)	Z176 q (deg/s)
		Z177 r (sec)	Z178 V_{KEAS} (kt)	Z179 N_z (G)	Z180 N_y (G)	Z181 h_p (ft)
		Z182 θ (deg)	Z183 ϕ (deg)	Z184 ψ (deg)	Z185 δe (deg)	Z186 δa (deg)
		Z187 δf (deg)	Z188 δr (deg)	Z189 M (−)	Z190 応答モデル	

10.3 状態方程式＋フィードバックの場合

演習10.1で検討した，ばねの2自由度振動問題の状態方程式（制御対象）に，フィードバックで強制力を与える場合について，KMAPによる解析方法を述べる．

第 10 章　解析プログラム KMAP の使い方　　　　　　135

[演習 10.2]

演習 10.1 で検討した 2 自由度振動系の振動速度 $\dot{x}_1$ および $\dot{x}_2$ を強制力 $f_1(t)$ にフィードバックすることにより振動を減衰させよ．ただし，初期外力として $f_1(t)$ に 100N の力を 1 秒間かけるものとする．

　　　m_1=1kg，m_2=10kg，k_1=500N/m，k_2=1000N/m．

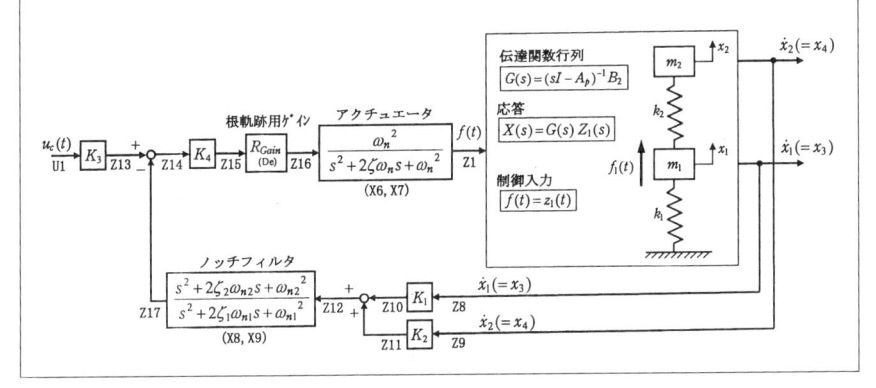

(1)　KMAP 用インプットデータ作成

演習 10.1 のデータ（EIGE.W318.SEIGYO16.DAT）に追加することで，本演習のデータ（EIGE.W318.SEIGYO24.DAT）を作成する．

① タイトル，状態方程式次元数，シミュレーション時間の入力
② 外部入力（時間関数）の設定
③ 注意事項等の説明
④ 状態方程式の設定

ここまで演習 10.1 と同じであるので変更追加なし（文番号 52 まで同じ）．

⑤ 制御入力の設定（以下のように変更追加する）

```
53    Z10=Z8*G; (K1)                    0.1000E+01   53   10    8    0    0    0
54    Z11=Z9*G; (K2)                    0.2000E+01   53   11    9    0    0    0
55    Z12=Z10+Z11;                                   35   12   10   11    0    0
56    Z17=[[G3G4]/[G1G2]]Z12X8X9;       0.3000E+00  123   17   12    8    0    0
57                                      0.4000E+02  123    0    0    9    0    0
58                                      0.1000E+00  123    0    0    0    0    0
59                                      0.4000E+02  123    0    0    0    0    0
60    Z13=U1*G; (K3)                    0.1000E+01   52   13    1    0    0    0
61    Z14=Z13-Z17;                                   36   14   13   17    0    0
62    Z15=Z14*G; (K4)                   0.3000E+02   53   15   14    0    0    0
63    //(開ループ,根軌跡用ゲイン)(De)
64    Z16=[RGAIN(De)]Z15;                           301   16   15    0    0    0
65    //(ｱｸﾁｭｴｰﾀ,2次遅れ)
66    Z1=[G2^2/[G1G2]G3]Z16X6X7;        0.7000E+00  124    1   16    6    0    0
67                                      0.5000E+02  124    0    0    7    0    0
68                                      0.1000E+04  124    0    0    0    0    0
69    Z1=[G1<=,<=G2];(De)              -0.1000E+03   85    1    0    0    0    0
70                                      0.1000E+03   85    0    0    0    0    0
71    //(Z1 がｺﾝﾄﾛｰﾙ入力)
```

この制御入力の説明を以下に示す.

(a) まず制御則ブロック図の各要素ブロックの入力と出力に中間変数 Z の番号を付けることから始める.この Z 番号は順番に付ける必要はないのでわかり易い番号を設定すれば良い.外部入力は U1,U3,U5 の 3 個が使用できる.この外部入力は,インプットデータの最初の部分で,時間関数として入力する.Zi 番号の i は,i=6+NXP(状態方程式変数の数)から 200 番まで使用できる.順番に付ける必要はない.

(b) ブロック図で,Z8 の入力にゲイン K_1 をかけて出力 Z10 を作るには次のようにインプットデータに記述する.

 $\boxed{\text{Z10=Z8*G; 1.0}}$ (この後のカラムの数字は自動的に付けられる)

ここで,";" は演算式の終了を示し,"Z8*G" は Z8 に一般ゲイン G をかけることを示し,その具体的な値はその行の後に示す 1.0(これがゲイン K_1 の値に相当するもの)である.

(c) Z10 と Z11 を加算して Z12 とするにはつぎのように記述する.

$$\boxed{Z12=Z10+Z11;}$$

(d) Z12 を入力とするノッチフィルタ（2 次 /2 次）の出力を Z17 とする．この場合は次のようにインプットデータに記述する．

$$\boxed{\begin{array}{ll} Z17=\{[G3G4]/[G1G2]\}Z12X8X9; & 0.3 \\ & 40.0 \\ & 0.1 \\ & 40.0 \end{array}}$$

ここで，{ } 内は 2 次 /2 次のノッチフィルタ関数であることを示す．{ } 内はそのまま記述し，ユーザは変更してはならない．これらの関数の使い方については後述する．X8 および X9 は，フィルタ等の演算に必要な積分変数の番号であり，未使用番号の中から Xi の i=2+NXP から 50 番まで使用できる．順番に付ける必要はない．後ろの 4 個の数字は，最初の 2 個が分母の減衰比と固有角振動数，後の 2 個が分子の減衰比と固有角振動数である．

(e) Z15 を入力として $R_{Gain(De)}$ を掛けて Z16 を求める部分は，安定性解析時に $R_{Gain(De)}$ の値を 0 から大きな値まで変化させて根軌跡を描くときに利用される．具体的には次のようにインプットデータに記述する．

$$\boxed{Z16=\{RGAIN(De)\}Z15;}$$

もちろん，この $R_{Gain(De)}$ を別の場所に入れることによって，その部分のゲインを変化させたときの根軌跡が得られる．

(f) Z16 を入力とするアクチュエータを 2 次遅れフィルタで模擬し，その出力を Z1 とする．このアクチュエータには舵面レート制限を付ける．この場合は次のようにインプットデータに記述する．

$$\boxed{\begin{array}{ll} Z1=\{G2\string^2/[G1G2]G3\}Z16X6X7; & 0.7 \\ & 50.0 \\ & 1000.0 \end{array}}$$

ここで，{ } 内はレート制限付き 2 次遅れフィルタであることを示し，入力は Z16，出力が Z1 である．X6 および X7 は，フィルタ等の演算に必要な積分

変数の番号，0.7 は減衰比 G1，50.0 は固有角振動数 G2(rad/s)，1000.0 は舵面レート制限値 G3(deg/s) である．この Z1 が制御入力として強制力を作り出して振動を抑える．

⑥　安定性解析出力の設定　　　（←変更なし）
⑦　シミュレーション用出力の設定（←変更なし）
⑧　END 文の設定　　　　　　　（←変更なし）

(なお，このデータの全体は EIGE.W318.SEIGYO24.DAT)

(2) **KMAP による解析結果**

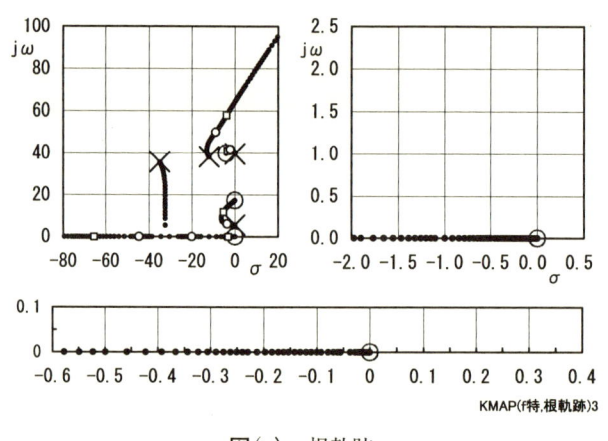

図(a)　根軌跡

第10章　解析プログラム KMAP の使い方　　　　139

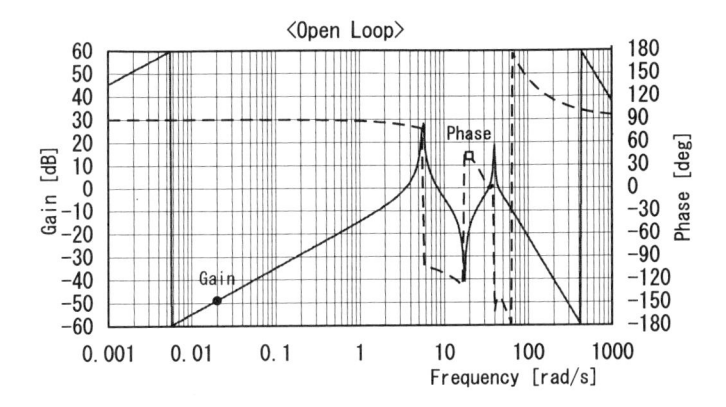

図(b)　一巡伝達関数の周波数特性

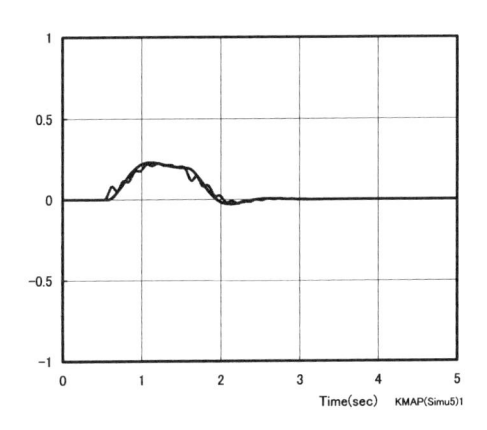

図(c)　シミュレーション結果
　　　　(x_1:短周期, x_2:長周期)

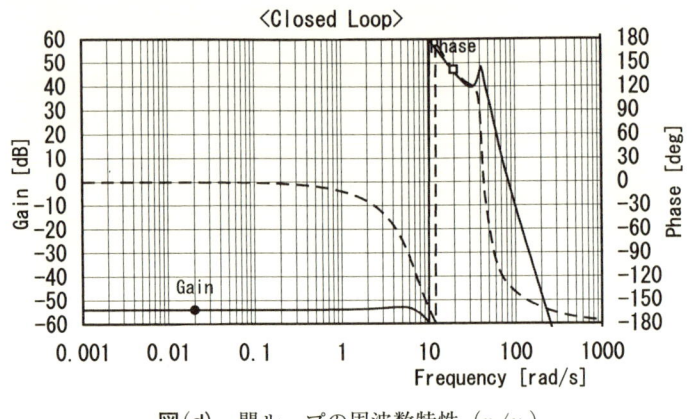

図(d)　閉ループの周波数特性（x_2/u_c）

10.4 状態方程式を用いない場合

演習 10.1 および演習 10.2 は，制御対象のダイナミクスが状態方程式で与えられた場合であった．ここでは，状態方程式は用いないで，フィルタの組み合わせでシステムが構成されている場合について述べる．

[演習 10.3]
下図のように，フィルタ（ラプラスの s の関数）の組み合わせで構成されているフィードバック制御系について，KMAP で解析せよ．ただし，$K=10$ とする．

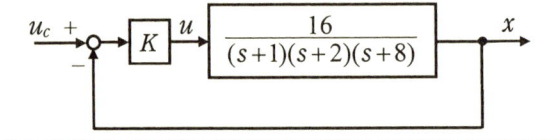

$$u_c \xrightarrow{+} \bigcirc \xrightarrow{} \boxed{K} \xrightarrow{u} \boxed{\frac{16}{(s+1)(s+2)(s+8)}} \xrightarrow{} x$$

---

(1) KMAP 用インプットデータ作成

制御対象は 3 個の 1 次遅れフィルタの直列結合で表される．根軌跡用ゲインも含めて，下図のように各ブロック要素の入力および出力に Z 番号を付ける．

第10章　解析プログラム KMAP の使い方

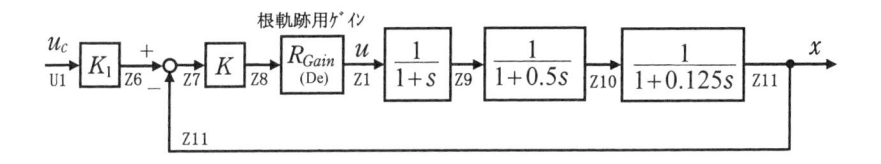

```
        u_c         根軌跡用ゲイン
         →[K1]→+→→[K]→[R_Gain]→ u →[1/(1+s)]→[1/(1+0.5s)]→[1/(1+0.125s)]→ x
        U1    -  Z6  Z7  Z8  (De)  Z1         Z9           Z10              Z11
              ↑
              └──────── Z11 ────────┘
```

① タイトル，状態方程式次元数，シミュレーション時間の入力
　　このケースは状態方程式を用いないので，NXP=0 である．

② 外部入力（時間関数）の設定
　　ステップ応答を設定．

③ 注意事項等の説明　（←追加修正なし）

④ 状態方程式の設定　（←本ケースは用いない）

⑤ 制御入力の設定（以下のように変更追加する）

```
31  Z6=U1*G;                      0.1000E+01   (←外部入力 U1)
32  Z7=Z6-Z11;                                 (←フィードバック)
33  Z8=Z7*G;                      0.1000E+02   (←ゲイン K をかける)
34  //(開ループ,根軌跡用ゲイン)(De)
35  Z1={RGAIN(De)}Z8;                          (←根軌跡用ゲイン)
36  //(この Z1 がコントロール入力)
37  //
38  Z9={1/(1+GS)}Z1X2;            0.1000E+01   (←1次フィルタ)
39  Z10={1/(1+GS)}Z9X3;           0.5000E+00
40  Z11={1/(1+GS)}Z10X4;          0.1250E+00
```

⑥ 安定性解析出力の設定　　（←変更なし）

```
41  //--------------------------
42  //安定解析出力に追加する場合
43  //は,下記に R(6+NXP)～ を設定.
44  //(実際の出力順は Y(4+NXP)～)
45  R6=Z11;  (Y4)                              (←Z11 を出力)
---------------------------(DATA END)--------------------------------
```

⑦ シミュレーション用出力の設定

```
46  //シミュレーション用出力(Z191～Z200)
47  //(このデータが TES6.DAT に入る)
48  Z191=Z11*G;                   0.1000E+01   (←Z11 を出力)
49  Z192=Z6*G;                    0.1000E+01
```

⑧ END文の設定 （←変更なし）

（なお，このデータの全体は EIGE.W318.SEIGY07.DAT）

(2) KMAPによる解析結果

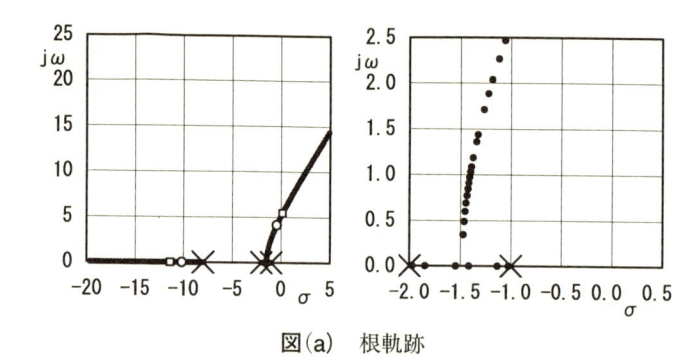

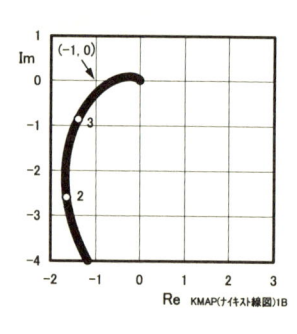

図(a) 根軌跡

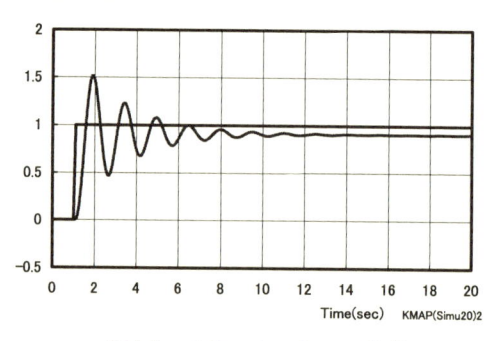

図(b) ナイキスト線図　　図(c) シミュレーション結果

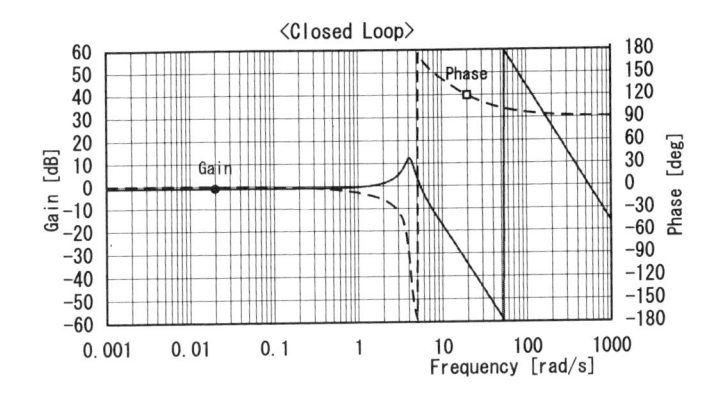

図(d)　閉ループの周波数特性（Z11/u_c）

[演習10.4]
演習10.3で検討した1次フィルタ3個の制御対象に対して，下図のように，積分とリードラグ（分母1次，分子1次）によって安定化できることをKMAPによる解析で確かめよ．ただし，$K=2$，$T_1=1/15$，$T_2=2/3$，$a=1.8$とする．

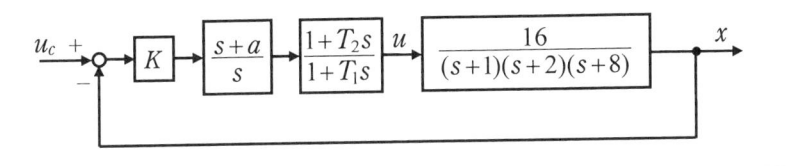

$$u_c \to K \to \frac{s+a}{s} \to \frac{1+T_2 s}{1+T_1 s} \to u \to \frac{16}{(s+1)(s+2)(s+8)} \to x$$

(1) KMAP用インプットデータ作成

制御対象は3個の1次遅れフィルタの直列結合で表される．根軌跡用ゲインも含めて，下図のように各ブロック要素の入力および出力にZ番号を付ける．

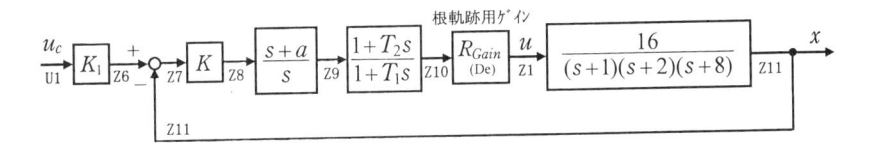

$$u_c(\text{U1}) \to K_1 \to (\text{Z6}) \to (\text{Z7}) \to K \to (\text{Z8}) \to \frac{s+a}{s} \to (\text{Z9}) \to \frac{1+T_2 s}{1+T_1 s} \to (\text{Z10}) \to R_{Gain}(\text{De}) \to (\text{Z1}) \to \frac{16}{(s+1)(s+2)(s+8)} \to (\text{Z11}) \to x$$
Z11

① タイトル，状態方程式次元数，シミュレーション時間の入力
　このケースは状態方程式を用いないので，NXP=0 である．
② 外部入力（時間関数）の設定
　ステップ応答を設定．
③ 注意事項等の説明　（←追加修正なし）
④ 状態方程式の設定　（←本ケースは用いない）
⑤ 制御入力の設定　（以下のように変更追加する）

```
31  Z6=U1*G;                        0.1000E+01    (←外部入力 U1)
32  Z7=Z6-Z11;                                    (←フィードバック)
33  Z8=Z7*G;                        0.2000E+01
34  Z12={1/S,t>=G}Z8X5;             0.0000E+00    (←積分)
35  Z13=Z12*G;                      0.1800E+01
36  Z14=Z8+Z13;
37  Z15={(1+G2S)/(1+G1S)}Z14X6;     0.6700E-01    (←リードラグ)
38                                  0.6700E+00
39  //(開ループ，根軌跡用ゲイン)(De)
40  Z1={RGAIN(De)}Z15;                            (←根軌跡用ゲイン)
41  //(この Z1 がコントロール入力)
42  //
43  Z9={1/(1+GS)}Z1X2;              0.1000E+01    (←1 次フィルタ)
44  Z10={1/(1+GS)}Z9X3;             0.5000E+00
45  Z11={1/(1+GS)}Z10X4;            0.1250E+00
```

⑥ 安定性解析出力の設定　　（←演習 10.3 と同じ）
⑦ シミュレーション用出力の設定　（←演習 10.3 と同じ）
⑧ END 文の設定　（←変更なし）
　（なお，このデータの全体は EIGE.W318.SEIGYO14.DAT) に示す．

(2) KMAP による解析結果

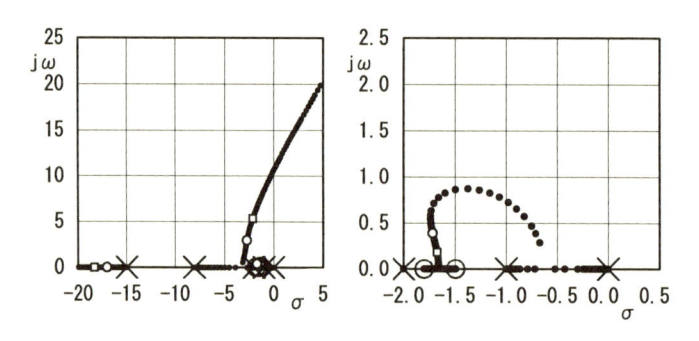

図(a)　根軌跡

第 10 章　解析プログラム KMAP の使い方　　　　　　　　　　145

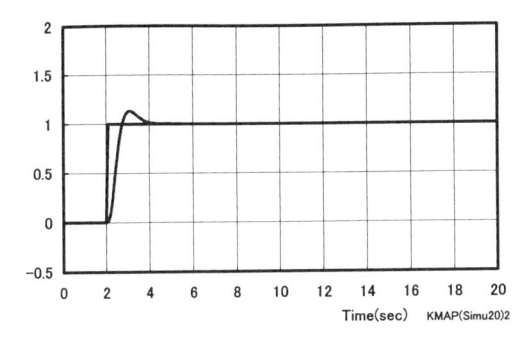

図(b)　シミュレーション結果

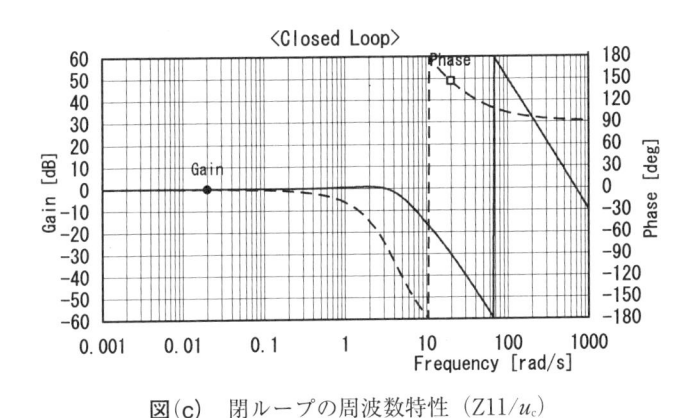

図(c)　閉ループの周波数特性（$Z11/u_c$）

10.5　制御則データにおける関数の使い方

(1)　全　般

　KMAP では，ラプラスの s の関数で表される各種フィルタ（含む積分要素）や遅れ要素等を使用することができる．フィルタは時間領域での微分方程式で表されるから，フィルタの次数の数だけ積分変数 X を割り当てる．積分変数は Xi (i=2+NXP) 〜 50 までを用いることができる．ここで，NXP は制御対象を状態方程式の形式で用いる場合の次元の数である．例えば NXP=4 であれば，ユーザは X6 から使用できる．この X の番号は順番でなくても良い．

　具体例で説明する．いま，図 10.1 に示す 2 次フィルタの場合を考える．

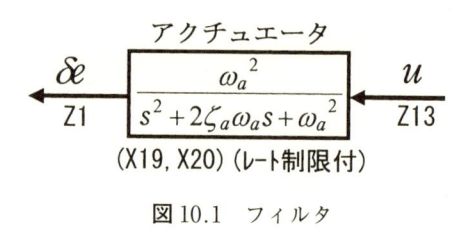

$$\delta e \leftarrow \boxed{\frac{\omega_a^2}{s^2 + 2\zeta_a \omega_a s + \omega_a^2}} \leftarrow u$$
Z1　(X19, X20)（レート制限付）　Z13
アクチュエータ

図10.1　フィルタ

　このフィルタは s の2次関数であるから，積分変数が2個必要である．この変数として例えばX19とX20を指定する．このフィルタは後述する各種関数の中に用意されているので簡単に利用できる．この例ではアクチュエータを2次フィルタでモデル化し，その舵角速度に制限（レート制限）がついている場合であり次の関数を用いる．

$$Z1 = \frac{G2^2}{s^2 + 2G1G2s + G2^2} Z13$$

　ここで，$G1=\zeta_a$, $G2=\omega_a$, $G3=$ レート制限（deg/s）である．具体的なインプットデータとしては，$\zeta_a=0.7$，$\omega_a=50.0$（rad/s），レート制限 $=1000.0$（deg/s）とすると下記のようになる．（下記□枠内の下線部を入力する）

67	//（アクチュエータ，2次遅れ）						
68	Z1=[G2^2/[G1G2]G3] Z13X19X20;	0.7000E+00 124	1	13	19	0	0
69		0.5000E+02 124	0	0	20	0	0
70		0.1000E+04 124	0	0	0	0	0

(2) 制御則データの各行要素の説明

　実際のインプットデータは，ブロック図に基づき変数Zや積分変数X等に関する関係式を，後述する関数を用いて1行のデータとして記述する．このインプットデータは，下記に示す76カラムによって構成される．制御則として記述できる量は400行である．なお，これら制御則データの作成は，プログラムを起動した状態でオンラインにて追加，修正が可能である．この場合はカラム数などは考慮不要である．

　具体的な制御則データの各行要素の説明を以下に示す．各行は次の76カラ

ムによって構成される．なお，下記の内，
　"文番号"，"NCAL"，"NO1"，"NO2"，"NO3"
　についてはユーザーは作成不要である．（計算実行時に自動的に付けられる）

(5カラム)	(32カラム)	(3)	(12)	(4)	(4)	(4)	(4)	(4)	(4)
文番号	関数名	Hi	GAIN	NCAL	NO1	NO2	NO3	NGO	LNO
①	②	③	④	⑤	⑥			⑦	

この制御則行の内容は以下である．
① 最初の文番号は，計算実行時に自動的に付けられるためユーザーはインプット不要である．
② 関数名の欄は，下記に説明する各種関数名を記述する．最初は他のファイル等を利用しながらインプットファイルを作成するのがよい．なお，オンラインでも作成できる．
③ Hi の欄は，フィルタ演算の関数等で利用する一般データ H である．この H の番号は 38〜40 カラムの 3 カラムに H01 のように記入する．オンラインの場合はカラム数は考慮不要である．
④ GAIN の欄は，各種関数で使用する実数データを挿入するための変数である．
⑤ NCAL は，実行される各種関数の対応番号であるが，自動的に付けられるのでユーザーは不要である．
⑥ NO1〜NO3 は，自動的に付けられるのでユーザーは不要である．
⑦ NGO および LNO は，制御則の各行をジャンプさせるときに使用する．例えば，NGO=100 のときには，LNO=100 の行にジャンプして演算が実行される．

(3) **制御則データに使用できる各種関数**
使用できる各種関数を以下に示す．

(5 カラム)	(32 カラム)	(3)	(12)	(4)	(4)	(4)	(4)	(4)	(4)
文番号	関数名	Hi	GAIN	NCAL	NO1	NO2	NO3	NGO	LNO

以降，下記の□枠内をユーザーがインプットする．その他は自動的に付けられる．

(a) 一般

| // | コメント分　　　　(NCAL=) 10

　　(コメント行：最初の2文字を"/"にすると，その1行分は読み飛ばされて計算に影響しない．ただし，コメントの表示は32字分)

| ; | 関数式の終了を示す．

　　(この記号の後の文字は計算に影響しない．ただし，計算式含めて32字分)

(b) 下流方向 GO TO 文（下流方向のみに注意）

| {if(Hi>Hj)GOTO}H1H2; | 91 | 1 | 2 | | 100 |

　　(IF(GT1>GT2) GOTO NGO．ここで NGO はシャンプ先の番号をインプットする)

　　({ }内の記述は変更せずにそのままインプットすること)

{if(Hi<Hj)GOTO}H1H2;	92	1	2	100
{if(Hi>=Hj)GOTO}H1H2;	93	1	2	100
{if(Hi<=Hj)GOTO}H1H2;	94	1	2	100
{GOTO};	95			100
{if(Hi=Hj)GOTO}H1H2;	96	1	2	100
{if(Hi<>Hj)GOTO}H1H2;	97	1	2	100

　　(GO TO NGO．ここで NGO はジャンプ先の番号をキーインする)

　　他行からのジャンプ先　　　　　　　　　　　(LNO=) 100

　　(NGO=100 である行からこの LNO=100 のある行にジャンプする)

(c) R の設定

| R1=Z2; | 101 | 1 | 2 |

第10章 解析プログラム KMAP の使い方

(5カラム)	(32カラム)	(3)	(12)	(4)	(4)	(4)	(4)	(4)	(4)
文番号	関数名	Hi	GAIN	NCAL	NO1	NO2	NO3	NGO	LNO

(d) データ H(i) の設定

H1=G;	G	11	1		
H1=Z1;		12	1	2	
H1=E2;		13	1	2	
H1=H2*G;	G	17	1	2	
H1=H2+H3;		21	1	2	3
H1=H2-H3;		22	1	2	3
H1=H2*H3;		23	1	2	3
H1=H2/H3;		24	1	2	3
H1=G/H2;	G	25	1	2	

(e) 数学関数

H1=FINVR[E2];	14	1	2	
（注記：H1=1/E2）				
H1=FABSL[H2];	15	1	2	
（注記：H2の絶対値）				
H1=FSIGN[H2, H3];	16	1	2	3
（注記：H3≧0のとき H1=|H2|, H3<0のとき H1=-|H2|）				
H1=FSIND[H2];	18	1	2	
（注記：H2（deg）の sin）				
H1=FCOSD[H2];	19	1	2	
（注記：H2（deg）の cos）				
H1=FTAND[H2];	20	1	2	
（注記：H2（deg）の tan）				
H1=FASIN[H2];	40	1	2	
（注記：H2 の $\sin^{-1}$ で，H1 は deg 単位）				
H1=FACOS[H2];	41	1	2	
（注記：H2 の $\cos^{-1}$ で，H1 は deg 単位）				

(5カラム)	(32カラム)	(3)	(12)	(4)	(4)	(4)	(4)	(4)	(4)
文番号	関数名	Hi	GAIN	NCAL	NO1	NO2	NO3	NGO	LNO

| H1=FATAN[H2]; | | | | 42 | 1 | 2 | | | |

(注記：H2の$\tan^{-1}$で，H1はdeg単位)

| H1=FATA2[H2, H3]; | | | | 43 | 1 | 2 | 3 | | |

(注記：ATAN2形式の$\tan^{-1}$(H2/H3)で，H1はdeg単位)

| H1=FSQRT[H2]; | | | | 44 | 1 | 2 | | | |

(注記：H2の平方根)

| H1=FEXPN[H2]; | | | | 45 | 1 | 2 | | | |

(注記：H2の指数関数e^{H2})

| H1=FALOG[H2]; | | | | 46 | 1 | 2 | | | |

(注記：H2の対数$\log_e(H2)$)

| H1=FALG1[H2]; | | | | 47 | 1 | 2 | | | |

(注記：H2の対数$\log_{10}(H2)$)

| H1=FHOKA[H2, H3]; | | | | 48 | 1 | 2 | 3 | | |

(H2を入力，H1を出力とする補間関数．H3は関数番号で1から順に制御則で使用する補間関数の数を，制御則データの最初の行（積分数データの行）の最後にインプットする．（下記は補間関数1個の例））

　　NXP（積分数），IRIG（=1:リグ），TDEBUG 時間　28　0　　0.0　1

その後に下記のように補間データを挿入する．

```
    [ NH2  ]---> 4
    ...H2....     -15.00000    0.00000   15.00000   20.00000
       Data        -1.49300    0.00000    1.49700    1.98700
```

(f)　ZとX，U，Zとの加減算をZに設定

Z1=Z2+X3;				31	1	2	3		
Z1=Z2-X3;				32	1	2	3		
Z1=Z2+U3;				33	1	2	3		
Z1=Z2-U3;				34	1	2	3		
Z1=Z2+Z3;				35	1	2	3		
Z1=Z2-Z3;				36	1	2	3		

第10章 解析プログラム KMAP の使い方

(5 カラム)	(32 カラム)	(3)	(12)	(4)	(4)	(4)	(4)	(4)	(4)
文番号	関数名	Hi	GAIN	NCAL	NO1	NO2	NO3	NGO	LNO
	$Z1=-Z2-Z3;$			37	1	2	3		
	$Z1=-Z2+Z3;$			38	1	2	3		

(g) X, U, Z の G 倍を Z に設定，および H を Z に設定

	$Z1=X2*G;$		G	51	1	2			
	$Z1=U2*G;$		G	52	1	2			
	$Z1=Z2*G;$		G	53	1	2			
	$Z1=H2;$			54	1	2			

(h) Z と H，Z と E との乗除算を Z に設定

	$Z1=Z2*H3;$			74	1	2	3		
	$Z1=Z2/H3;$			75	1	2	3		
	$Z1=Z2*E3;$			76	1	2	3		
	$Z1=Z2/E3;$			77	1	2	3		

(i) フィルタ演算

＜積分1＞ $Z1=\dfrac{1}{s}Z2$，（h<=G(ft)で積分開始）

| | $Z1=\{1/S, h<=G\}Z2X3; G$ | | | 109 | 1 | 2 | 3 | | |

（ここで，Z1, Z2, X3）

＜積分2＞ $Z1=\dfrac{1}{s}Z2$，（時間 t>=G(s)で積分開始）

| | $Z1=\{1/S, t>=G\}Z2X3; G$ | | | 110 | 1 | 2 | 3 | | |

（ここで，Z1, Z2, X3）

＜1次遅れA＞ $Z1=\dfrac{1}{1+Gs}Z2$

| | $Z1=\{1/(1+GS)\}Z2X3; G$ | | | 111 | 1 | 2 | 3 | | |

（ここで，Z1, Z2, X3）

(5カラム)	(32カラム)	(3)	(12)	(4)	(4)	(4)	(4)	(4)	(4)
文番号	関数名	Hi	GAIN	NCAL	NO1	NO2	NO3	NGO	LNO

<1次遅れB> $Z1 = \dfrac{1}{1+Hs} Z2$

| Z1={1/(1+HS)}Z2X3; Hi | | 115 | 1 | 2 | 3 | | |

(ここで，Z1，　Z2，　X3)

時定数 H は事前に一般データ Hi で定義しておく．
(この H の番号は 39～40 カラムの 2 カラムに記入する．H1～H9 の場合も番号は 01～09 と記入すること．H の記号は自動的につくので不要．)

<ハイパスA> $Z1 = \dfrac{Gs}{1+Gs} Z2$

| Z1={GS/(1+GS)}Z2X3; G | | 112 | 1 | 2 | 3 | | |

(ここで，Z1，　Z2，　X3)

<ハイパスB> $Z1 = \dfrac{Hs}{1+Hs} Z2$

| Z1={HS/(1+HS)}Z2X3; Hi | | 116 | 1 | 2 | 3 | | |

(ここで，Z1，　Z2，　X3)

時定数 H は事前に関数 Hi で定義しておく．
(この H の番号は 39～40 カラムの 2 カラムに (1 も 01 と) 記入する．)

<リードラグ形A> $Z1 = \dfrac{1+G2s}{1+G1s} Z2$

| Z1={(1+G2S)/(1+G1S)}Z2X3; G1 | | 113 | 1 | 2 | 3 | | |
| G2 | | | | | | | |

(ここで，Z1，　Z2，　X3)

<リードラグ形B> $Z1 = \dfrac{1+H2s}{1+H1s} Z2$

| Z1={(1+H2S)/(1+H1S)}Z2X3; Hi | | 117 | 1 | 2 | 3 | | |
| Hj | | | | | | | |

(ここで，Z1，　Z2，　X3)

時定数 H1，H2 は事前に関数 Hi，Hj で定義しておく．

(5カラム)	(32カラム)	(3)	(12)	(4)	(4)	(4)	(4)	(4)	(4)
文番号	関数名	Hi	GAIN	NCAL	NO1	NO2	NO3	NGO	LNO

<TimeDelay> $G(s)$ の時間遅れをDの関数で模擬（シミュレーション時）

1次のパデ近似： $Z1 = \dfrac{1-(G/2)s}{1+(G/2)s} Z2$ （安定解析時）

```
Z1={Delay=G}Z2X3D4;   G
 (1行ブランク行追加)
```
　　　　　　　　114　　1　　2　　3
　　　　　　　　　　　　　　　　　4

（ここで，Z1，Z2，X3 及び UDLY4）

（なお，TimeDelay 要素は4個まで使用可能）

<2次遅れ1A> $Z1 = \dfrac{G2^2}{s^2 + 2G1G2s + G2^2} Z2$

```
Z1={G2^2/[G1G2]}Z2X3X4;  G1
                         G2
```
　　　　　　　　121　　1　　2　　3
　　　　　　　　　　　　　　　　　4

（ここで，Z1，Z2，X3 及び X4）

（この2行目のX(4)は連続番号でなくても良い）

なお，{ }内では $[G1G2] = s^2 + 2G1G2s + G2^2$ の表現を用いている．

<2次遅れ1B> $Z1 = \dfrac{H2^2}{s^2 + 2H1H2s + H2^2} Z2$

```
Z1={H2^2/[H1H2]}Z2X3X4;  Hi
                         Hj
```
　　　　　　　　125　　1　　2　　3
　　　　　　　　　　　　　　　　　4

（ここで，Z1，Z2，X3 及び X4）

H1，H2 は事前に関数 Hi，Hj で定義しておく．

（このHの番号は39～40カラムの2カラムに（1も01と）記入する．）

(5 カラム)	(32 カラム)	(3)	(12)	(4)	(4)	(4)	(4)	(4)	(4)
文番号	関数名	Hi	GAIN	NCAL	NO1	NO2	NO3	NGO	LNO

< 2 次遅れ 2A > $Z1 = \dfrac{s}{s^2 + 2G1G2s + G2^2} Z2$

| Z1={S/[G1G2]}Z2X3X4; G1
G2 | | | | 122 | 1 | 2 | 3
4 | | |

（ここで，Z1, Z2, X3 及び X4）

< 2 次遅れ 2B > $Z1 = \dfrac{s}{s^2 + 2H1H2s + H2^2} Z2$

| Z1={S/[H1H2]}Z2X3X4; Hi
Hj | | | | 126 | 1 | 2 | 3
4 | | |

（ここで，Z1, Z2, X3 及び X4）

　H1, H2 は事前に関数 Hi, Hj で定義しておく．
　（この H の番号は 39～40 カラムの 2 カラムに（1 も 01 と）記入する．）

< 2 次遅れ 3A > $Z1 = \dfrac{s^2 + 2G3G4s + G4^2}{s^2 + 2G1G2s + G2^2} Z2$

| Z1={[G3G4]/[G1G2]}Z2X3X4; G1
G2
G3
G4 | | | | 123 | 1 | 2 | 3
4 | | |

（ここで，Z1, Z2, X3
（　　　　　　　　　　及び X4）

< 2 次遅れ 3B > $Z1 = \dfrac{s^2 + 2H3H4s + H4^2}{s^2 + 2H1H2s + H2^2} Z2$

| Z1={[H3H4]/[H1H2]}Z2X3X4; Hi
Hj
Hm
Hn | | | | 127 | 1 | 2 | 3
4 | | |

（ここで，Z1, Z2, X3
（　　　　　　　　　　及び X4）

第 10 章　解析プログラム KMAP の使い方　　　　　　　　　　　155

(5 カラム)	(32 カラム)	(3)	(12)	(4)	(4)	(4)	(4)	(4)	(4)
文番号	関数名	Hi	GAIN	NCAL	NO1	NO2	NO3	NGO	LNO

H1〜H4 は事前に関数 Hi, Hj, Hm, Hn で定義しておく.
(この H の番号は 39〜40 カラムの 2 カラムに (1 も 01 と) 記入する.)

<2 次遅れ 4A> $Z1 = \dfrac{G2^2}{s^2 + 2G1G2s + G2^2} Z2$ (G3：レート制限)

```
Z1={G2^2/[G1G2]G3}Z2X3X4;  G1
                           G2
                           G3
```
　　　　　　　　　　124　　　1　　　2　　　3
　　　　　　　　　　　　　　　　　　　　　　　　4
　　　　　　　(ここで, Z1, 　Z2, 　X3)
　　　　　　(　　　　　　　及び X4)

なお，レート制限はシミュレーション時のみ

<2 次遅れ 4B> $Z1 = \dfrac{H2^2}{s^2 + 2H1H2s + H2^2} Z2$ (H3：レート制限)

```
Z1={H2^2/[H1H2]H3}Z2X3X4;  Hi
                           Hj
                           Hm
```
　　　　　　　　　　128　　　1　　　2　　　3
　　　　　　　　　　　　　　　　　　　　　　　　4
　　　　　　　(ここで, Z1, 　Z2, 　X3)
　　　　　　(　　　　　　　及び X4)

なお，レート制限はシミュレーション時のみ

H1〜H3 は事前に関数 Hi, Hj, Hm で定義しておく.
(この H の番号は 39〜40 カラムの 2 カラムに (1 も 01 と) 記入する.)

(1)　安定性解析でのゲイン変動場所の指定
(Z2 のラインに RGAIN を掛けて Z1 として出力．この RGAIN は 0 から大きな値まで変化させて根軌跡を描くときに利用される．また，この RGAIN の前後の入出力間でオープンループの周波数応答が得られる．)

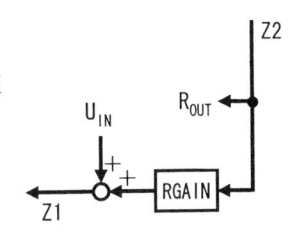

文番号 (5カラム)	関数名 (32カラム)	Hi (3)	GAIN (12)	NCAL (4)	NO1 (4)	NO2 (4)	NO3 (4)	NGO (4)	LNO (4)
	Z1={RGAIN(De)}Z2;			301	1	2			
	Z1={RGAIN(Df)}Z2;			303	1	2			
	Z1={RGAIN(DT)}Z2;			305	1	2			

(m) 時間 t の Z の値

　　(シミュレーション時のみ有効)

	Z1={t=G}Z2;		G	82	1	2			

　　(time=G(s) の時の Z2 の値を Z1 に入れる．time＜G(s) の時は Z1=0)

(n) 時間 t で Z の値変更

　　(シミュレーション時のみ有効)

	Z1={0, G1<=t<=G2};		G1 G2	86	1				

　　(G1≦time≦G2 のとき Z1=0)

　　(この関数の Z 番号は左辺に 2 回以上現れて良い)

	Z1={0, t<G1.OR.t>G2};		G1 G2	87	1				

　　(time＜G1 or time＞G2 のとき Z1=0)

　　(この関数の Z 番号は左辺に 2 回以上現れて良い)

(o) Z のリミット値

	Z1={<=G};		G	83	1				

　　(Z1≦G，Z1 の上限値 G でリミット)

　　(この関数の Z 番号は左辺に 2 回以上現れて良い)

	Z1={>=G};		G	84	1				

　　(Z1≧G，Z1 の下限値 G でリミット)

　　(この関数の Z 番号は左辺に 2 回以上現れて良い)

第10章 解析プログラム KMAP の使い方　　157

(5カラム)	(32カラム)	(3)	(12)	(4)	(4)	(4)	(4)	(4)	(4)
文番号	関数名	Hi	GAIN	NCAL	NO1	NO2	NO3	NGO	LNO

$\boxed{Z1=\{G1<=, <=G2\};\quad G1}$　　85　　1
　　　　　　　　　　　　　G2

　（$Z1$ を $G1 \leq Z1 \leq G2$ の範囲にリミット）
　（この関数の Z 番号は左辺に 2 回以上現れて良い）

(p)　Z2 正負で G の正負（リレー）
$\boxed{Z1=\{GifZ>0, -GifZ<0\}Z2;\quad G}$　　88　　1　　2
　（シミュレーション時：$Z2>0$ の時 $Z1=G$, $Z2<0$ の時 $Z1=-G$）（Relay 模擬）
　（安定性解析時：$Z1=Z2$）

(q)　その他
　＜データ END 文＞
　$\boxed{\{\text{Pitch Data END}\};}$　　　　　899
　$\boxed{\{\text{Control Data END}\};}$　　　999

　＜Print 文＞
　$\boxed{\{P\}Z1;}$　　　　　　　　　　600　　1
　　（$Z1$ の初期値を表示．コメント部分も表示される．）
　$\boxed{\{P\}H1;}$　　　　　　　　　　601　　1
　　（$H1$ の初期値を表示．コメント部分も表示される．）
　$\boxed{\{P\}X1;}$　　　　　　　　　　602　　1
　　（$P1$ の初期値を表示．コメント部分も表示される．）

＜行列データインプット＞
　$\boxed{AP(I1, J2);\qquad G}$　　　611　　1　　2
　　（$AP(I1, J2)=G$　　ここで，4 行 6 列の場合は I4, J6 とインプット．）

(5カラム)	(32カラム)	(3)	(12)	(4)	(4)	(4)	(4)	(4)	(4)
文番号	関数名	Hi	GAIN	NCAL	NO1	NO2	NO3	NGO	LNO
	AP(I1, J2)H3;			621	1	2	3		
	(AP(I1, J2)=H3 ここで, 4行6列の場合はI4, J6とインプット.)								
	また, H3は事前に関数で定義しておく.								
	BP(I1, J2);	G		612	1	2			
	(BP(I1, J2)=G ここで, 4行6列の場合はI4, J6とインプット.)								
	BP(I1, J2)H3;			622	1	2	3		
	(BP(I1, J2)=H3 ここで, 4行6列の場合はI4, J6とインプット.)								
	B1(I1, J2);	G		618	1	2			
	(B1(I1, J2)=G ここで, 4行6列の場合はI4, J6とインプット.)								
	B1(I1, J2)H3;			628	1	2	3		
	(B1(I1, J2)=H3 ここで, 4行6列の場合はI4, J6とインプット.)								
	B2(I1, J2);	G		613	1	2			
	(B2(I1, J2)=G ここで, 4行6列の場合はI4, J6とインプット.)								
	B2(I1, J2)H3;			623	1	2	3		
	(B2(I1, J2)=H3 ここで, 4行6列の場合はI4, J6とインプット.)								
	CP(I1, J2);	G		614	1	2			
	(CP(I1, J2)=G ここで, 4行6列の場合はI4, J6とインプット.)								
	CP(I1, J2)H3;			624	1	2	3		
	(CP(I1, J2)=H3 ここで, 4行6列の場合はI4, J6とインプット.)								
	C1(I1, J2);	G		615	1	2			
	(C1(I1, J2)=G ここで, 4行6列の場合はI4, J6とインプット.)								
	C1(I1, J2)H3;			625	1	2	3		
	(C1(I1, J2)=H3 ここで, 4行6列の場合はI4, J6とインプット.)								
	C2(I1, J2);	G		619	1	2			
	(C2(I1, J2)=G ここで, 4行6列の場合はI4, J6とインプット.)								
	C2(I1, J2)H3;			629	1	2	3		
	(C2(I1, J2)=H3 ここで, 4行6列の場合はI4, J6とインプット.)								

第10章　解析プログラムKMAPの使い方

(5カラム)	(32カラム)	(3)	(12)	(4)	(4)	(4)	(4)	(4)	(4)
文番号	関数名	Hi	GAIN	NCAL	NO1	NO2	NO3	NGO	LNO

```
12(I1, J2);          G           616    1    2
```
（標記は12であるが，D12(I1, J2)にGの値が挿入される．
（ここで，4行6列の場合はI4, J6とインプット．）

```
12(I1, J2)H3;                    626    1    2    3
```
（標記は12であるが，D12(I1, J2)にH3の値が挿入される．
（ここで，4行6列の場合はI4, J6とインプット．）

```
21(I1, J2);          G           617    1    2
```
（標記は21であるが，D21(I1, J2)にGの値が挿入される．
（ここで，4行6列の場合はI4, J6とインプット．）

```
21(I1, J2)H3;                    627    1    2    3
```
（標記は21であるが，D21(I1, J2)にH3の値が挿入される．
（ここで，4行6列の場合はI4, J6とインプット．）

＜最適制御解析ルーチン＞

```
{OptC(AP, B2, CP)1}I1J2K3;       651    1    2    3
```
- 最適レギュレータ，I, J, Kの番号は，NX, NU, NYに対応．
- 本ルーチンは，1回のみ実施される．
- 求められたフィードバックゲインF（ただし，$u=-F \cdot x$）は，一般データHに次のように格納される．

　　H1　　　=F(1, 1), H2　　　=F(1, 2), ……, H(NX)　　=F(1, NX),
　　H(NX+1)=F(2, 1), H(NX+2)=F(2, 2), ……, H(2*NX)=F(2, NX)

```
{OptC(AP, B2)2}I1J2;             652    1    2
```
- 極配置法，I, Jの番号は，NX, NUに対応．
- 本ルーチンは，1回のみ実施される．
- 求められたフィードバックゲインF（ただし，$u=-F \cdot x$）は，一般データHに次のように格納される．

　　H1=F(i, 1), H2=F(i, 2), ……, H(NX)=F(i, NX)

(5カラム)	(32カラム)	(3)	(12)	(4)	(4)	(4)	(4)	(4)	(4)
文番号	関数名	Hi	GAIN	NCAL	NO1	NO2	NO3	NGO	LNO

{OptC(AP, B2, CP)3}I1J2K3; G   653   1   2   3

- 極の実部をGの値以下に指定．I, J, Kの番号は，NX, NU, NYに対応．
- 本ルーチンは，1回のみ実施される．
- 求められたフィードバックゲインF(ただし，$u=-F \cdot x$)は，一般データHに次のように格納される．
  　H1　　　=F(1, 1)，H2　　　=F(1, 2)，‥‥，H(NX)　=F(1, NX)，
  　H(NX+1)=F(2, 1)，H(NX+2)=F(2, 2)，‥‥，H(2*NX)=F(2, NX)

{OptC(AP, B2, CP)4}I1J2K3;   654   1   2   3

- 最小次元オブザーバ．I, J, Kの番号は，NX, NU, NYに対応．
- 本ルーチンは，1回のみ実施される．
- 行列CPは次のようにインプットデータを設計する．
  - →NY×NX部分は，観測できる状態変数を指定．
  - →(NX−NY)×NX部分は，最小次元オブザーバで推定する状態変数を指定．
  - →従って，CPはNX×NXの行列．
- オブザーバから求められた状態変数も含めた全ての状態変数が，一般データHに次のように格納される．
  　H1=x1，H2=x2，‥‥，H(NX)=x(NX)

{OptC(AP, B2, CP)5}I1J2K3;   655   1   2   3

- LQI法．I, J, Kの番号は，NX, NU, NYに対応．
- 本ルーチンは，1回のみ実施される．行列CPにより制御変数を設定する．
- 求められたフィードバックゲインF(ただし，$u=-F \cdot x$)は，一般データHに次のように格納される．
  　H1　　　=F(1, 1)，H2　　　=F(1, 2)，‥‥，H(NX)　=F(1, NX)，
  　H(NX+1)=F(2, 1)，H(NX+2)=F(2, 2)，‥‥，H(2*NX)=F(2, NX)

第 10 章 解析プログラム KMAP の使い方

(5 カラム)	(32 カラム)	(3)	(12)	(4)	(4)	(4)	(4)	(4)	(4)
文番号	関数名	Hi	GAIN	NCAL	NO1	NO2	NO3	NGO	LNO

`{OptC(AP, BP, B2, CP)6}I1J2K3;`　　656　　1　　2　　3

- H∞ 状態フィードバック制御．I, J, K の番号は，NX, NU, NY に対応．

  (BP の大きさは (NX, 3) 固定)

- 本ルーチンは，1 回のみ実施される．

- 外部入力 w から制御量 z への閉ループ伝達関数 G_{zw}

  $$G_{zw} = C_1(sI - A - B_2K)^{-1}B_1$$

  を定義するための行列 B1(NX, 3 固定) と C1(NY, NX) はインプットデータで設定する．なお，応答を求めるときに必要な行列 CP は自動的に単位行列として設定されるのでインプットデータ設定は不要．

- 求められたフィードバックゲイン F (ただし，$u = -F \cdot x$) は，一般データ H に次のように格納される．

  H1　　　=F(1, 1)，H2　　　=F(1, 2)，‥‥，H(NX)　=F(1, NX)，
  H(NX+1)=F(2, 1)，H(NX+2)=F(2, 2)，‥‥，H(2*NX)=F(2, NX)

`{OptC(AP, BP, B2, CP)7}I1J2K3;`　　657　　1　　2　　3

- 一般 H∞ 制御．I, J, K の番号は，NX, NU, NY に対応．

  …(B1(NX, 3)，　　B2(NX, NU)　　(次元 3 固定))…
  …(C1(3, NX)，　　D12=D1(3, NU)　(次元 3 固定))…
  …(C2(NY, NX)，　D21=D2(NY, 3)　(次元 3 固定))…

- 本ルーチンは，1 回のみ実施される．

- 外部入力 w から制御量 z への閉ループ伝達関数 G_{zw} を定義するための行列 B1, C1, C2, D12, D21 はインプットデータで設定する．

- H∞ 制御器出力は，Z13, Z15 および Z17 である．

`{Print(AP, B2, CP)1}I1J2K3;`　　671　　1　　2　　3

- 行列の表示
- 本ルーチンは，1 回のみ実施される．

`{MTCLR2(AP)};`　　672

- AP 行列の零クリア

(5 カラム)	(32 カラム)	(3)	(12)	(4)	(4)	(4)	(4)	(4)	(4)
文番号	関数名	Hi	GAIN	NCAL	NO1	NO2	NO3	NGO	LNO

{MTCLR2(B2)};　　　　　　　　673
　・B2 行列の零クリア
{MTCLR2(CP)};　　　　　　　　674
　・CP 行列の零クリア

(t) 注意事項
（注1）積分変数 X50，中間変数 Z200，入力変数 U40，遅れ関数 D4，一般データ H80，安定性解析用応答 R40 まで使用可能．なお，G は関数使用時のゲイン入力等に使用する．
（注2）安定性解析時は，中間変数 Z の同じ番号は 2 回以上定義してはならない．従って，シミュレーション専用（リミッタ等）以外については，変数 Z の定義（式の左辺に Z の式）には注意すること．

10.6　インプットデータのオンライン修正方法

インプットデータは次のデータ群から構成されている．
　①制御則
　②状態方程式次元
　③外部入力
　④デバッグ時間
　⑤計算時間

解析プログラム KMAP を起動すると，インプットデータの修正メニュー（上記項目）が表示される．ここで，修正したい項目の番号をキーインすることにより，各項目の修正ルーチンに入ることができる．

これらの各項目の実際の修正手順を以下に示す．

(1) 制御則データ修正
演習 10.2 のデータ（EIGE.W318.SEIGYO24.DAT）の場合で説明する．上

第10章 解析プログラム KMAP の使い方

記修正メニューで，1と入力すると，以下のように行表示開始行と終了行を聞いてくるので，例えば60，69と入れると，インプットデータファイルのタイトルの後に制御則の行番号60～69行が表示される．

```
行表示開始行？60
行表示終了行？69
-------------------------------------------------------------
EIGE.W318.SEIGY024.DAT(ばねの2自由度振動+フィードバック+ノッチ)
 60  Z13=U1*G; (K3)              0.3330E-01  52  13   1   0   0   0
 61  Z14=Z13-Z17;                             36  14  13  17   0   0
 62  Z15=Z14*G; (K4)             0.3000E+02  53  15  14   0   0   0
 63  //(開ループ，根軌跡用ゲイン)(De)
 64  Z16={RGAIN(De)}Z15;                     301  16  15   0   0   0
 65  //(アクチュエータ，2次遅れ)
 66  Z1={G2^2/[G1G2]G3}Z16X6X7;  0.7000E+00 124   1  16   6   0   0
 67                              0.5000E+02 124   0   0   7   0   0
 68                              0.1000E+04 124   0   0   0   0   0
 69  //(Z1がコントロール入力)
行追加=1，行削除=2，行入れ替え=3，別範囲表示=4，全式チェック=5
ゲイン変更=6，修正完了=9
```

図 10.1 ＜制御則入力＞で 60～69 行を表示した場合

ここで，下記のいずれかの番号を入力する．

　　　行追加　　　→ 1 入力，
　　　行削除　　　→ 2 入力，
　　　行入れ替え　→ 3 入力，
　　　別範囲表示　→ 4 入力，
　　　全式チェック→ 5 入力，
　　　ゲイン変更　→ 6 入力，
　　　修正完了　　→ 9 入力

① 行の追加

いま，行を追加してみよう．"1"を入力すると下記のように，どの行の後に追加するかを聞いてくる．例えば 60 行の後に追加する場合は "60" と入力すると，60 行目が参考のため表示される．そして，＜制御式の入力＞と表示されるので "// CHECK" とキーインし，エンターキーを押すと再度 60～69 行の範囲が表示され，60 行目の次の行に今作成した行が挿入されていることが

確認できる.

```
1
追加行を指定して下さい(その行の後に追加)=?
60
  60  Z13=U1*G; (K3)                    0.3330E-01  52  13  1  0  0  0
----(キーイン Q2:関数表, Q4:使用済みZ,X,D,H,R番号), Q9:戻る)----
＜制御式の入力＞
// CHECK
------------------------------------------------------------
E:GE.W318.SEIGYO24.DAT(ばねの2自由度振動+フィードバック+ノッチ)
  60  Z13=U1*G; (K3)                    0.3330E-01  52  13  1  0  0  0
  61  // CHECK
  62  Z14=Z13-Z17;                                  36  14  13 17  0  0
  63  Z15=Z14*G; (K4)                   0.3000E+02  53  15  14  0  0  0
  64  //(開ループ,根軌跡用ゲイン)(De)
  65  Z16={RGAIN(De)}Z15;                          301  16  15  0  0  0
  66  //(アクチュエータ,2次遅れ)
  67  Z1={G2^2/[G1G2]G3}Z16X6X7;        0.7000E+00 124   1  16  6  0  0
  68                                    0.5000E+02 124   0   0  7  0  0
  69                                    0.1000E+04 124   0   0  0  0  0
行追加=1, 行削除=2, 行入れ替え=3, 別範囲表示=4, 全式チェック=5
ゲイン変更=6, 修正完了=9
```

図 10.2 行の追加

なお，追加行の内容をキーインする前に，"Q2" または "Q4" とキーインすると使用できる各種関数等の情報が表示される．"Q2" と入力すると，制御則に使用できる各種関数の情報が次のように表示される．

```
 H1=FTAND[H2];(H2はdeg)    Z1={Z2Const,Z3<=G}Z2Z3;
 H1=FASIN[H2];(H1はdeg)    Z1={Z2Const,Z3>=G}Z2Z3;
 H1=FACOS[H2];(H1はdeg)
 H1=FATAN[H2];(H1はdeg)    ＜Zのリミット値＞
 H1=FATA2[H2,H3];(H1deg)   Z1={<=G};
 H1=FSQRT[H2];             Z1={>=G};
 H1=FEXPN[H2];             Z1={G1<=,<=G2};
 H1=FALOG[H2];
 H1=FALG1[H2];             ＜Z2正負でGの正負(リレー)＞
 H1=FHOKA[H2,H3];          Z1={GifZ>0,-GifZ<0}Z2;

*****************************(Q2)*****************************
  60  Z13=U1*G; (K3)                    0.3330E-01  52  13  1  0  0  0
----(キーイン Q2:関数表, Q4:使用済みZ,X,D,H,R番号), Q9:戻る)----
＜制御式の入力＞
```

図 10.3 ＜制御式の入力＞状態で Q2 とキーインした場合
　　　　（ただし，上部の表示は省略している）

第10章 解析プログラム KMAP の使い方

なお，この各種関数の情報は，W000CS.DAT ファイルにもあるので，それを表示して適宜コピーして使用できる．

実際に追加する制御式の入力に，上記 Q2 の関数を用いる場合は，そのままキーインしても良いが，次のようにコピー，ペースト機能を用いると便利である．ただし，DOS ウインドウでのコピー，ペースト機能は通常のやり方と異なることに注意する必要がある．具体的には次のように行う．

追加行操作によって，＜制御式の入力＞の状態から，Q2 とキーインすると図 10.3 のように表示されるが，この画面は上にスクロールして図 10.4 のように必要な関数を表示できる．

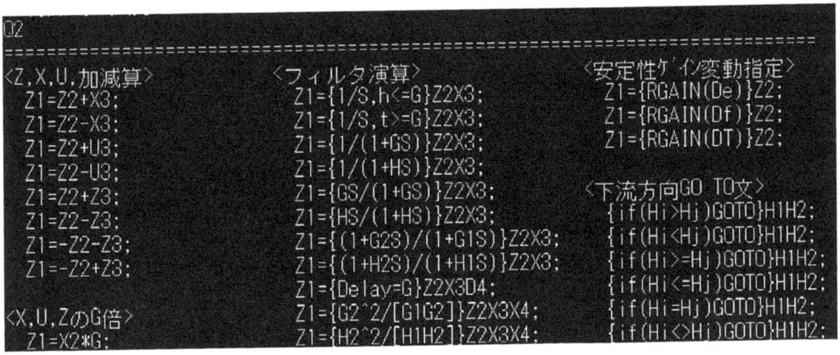

```
Q2
=================================================================
<Z,X,U,加減算>           <フィルタ演算>              <安定性ｹﾞｲﾝ変動指定>
 Z1=Z2+X3;                Z1={1/S,h<=G}Z2X3;          Z1={RGAIN(De)}Z2;
 Z1=Z2-X3;                Z1={1/S,t>=G}Z2X3;          Z1={RGAIN(Df)}Z2;
 Z1=Z2+U3;                Z1={1/(1+GS)}Z2X3;          Z1={RGAIN(DT)}Z2;
 Z1=Z2-U3;                Z1={1/(1+HS)}Z2X3;
 Z1=Z2+Z3;                Z1={GS/(1+GS)}Z2X3;        <下流方向GO TO文>
 Z1=Z2-Z3;                Z1={HS/(1+HS)}Z2X3;         {if(Hi>Hj)GOTO}H1H2;
 Z1=-Z2-Z3;               Z1={(1+G2S)/(1+G1S)}Z2X3;   {if(Hi<Hj)GOTO}H1H2;
 Z1=-Z2+Z3;               Z1={(1+H2S)/(1+H1S)}Z2X3;   {if(Hi>=Hj)GOTO}H1H2;
                          Z1={Delay=G}Z2X3D4;         {if(Hi<=Hj)GOTO}H1H2;
                          Z1={G2^2/[G1G2]}Z2X3X4;     {if(Hi=Hj)GOTO}H1H2;
<X,U,ZのG倍>              Z1={H2^2/[H1H2]}Z2X3X4;     {if(Hi<>Hj)GOTO}H1H2;
 Z1=X2*G;
```

図 10.4　上記（図 10.3）画面を上にスクロール

いま例として，制御式に 1 次遅れのフィルタを用いる場合を考えると，図 10.4 の画面上で右クリックすると，図 10.5 のような編集メニューが表示される．

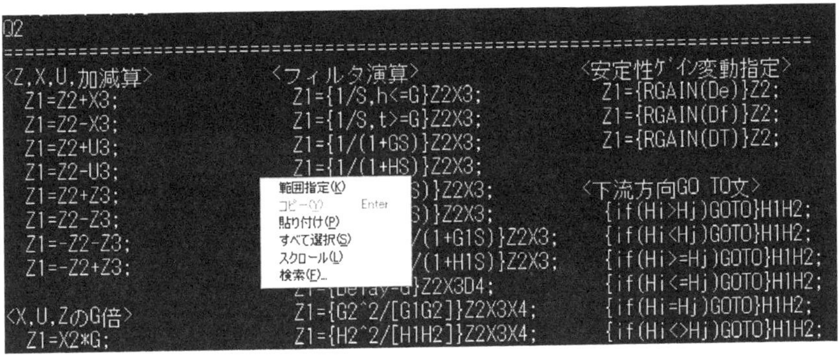

```
Q2
=================================================================
<Z,X,U,加減算>           <フィルタ演算>              <安定性ｹﾞｲﾝ変動指定>
 Z1=Z2+X3;                Z1={1/S,h<=G}Z2X3;          Z1={RGAIN(De)}Z2;
 Z1=Z2-X3;                Z1={1/S,t>=G}Z2X3;          Z1={RGAIN(Df)}Z2;
 Z1=Z2+U3;                Z1={1/(1+GS)}Z2X3;          Z1={RGAIN(DT)}Z2;
 Z1=Z2-U3;                Z1={1/(1+HS)
 Z1=Z2+Z3;          ┌──────────────┐         <下流方向GO TO文>
 Z1=Z2-Z3;          │範囲指定(K)          │         {if(Hi>Hj)GOTO}H1H2;
 Z1=-Z2-Z3;         │ｺﾋﾟｰ(Y)     Enter    │(1+G1S)}Z2X3;  {if(Hi<Hj)GOTO}H1H2;
 Z1=-Z2+Z3;         │貼り付け(P)          │(1+H1S)}Z2X3;  {if(Hi>=Hj)GOTO}H1H2;
                    │すべて選択(S)        │Z2X3D4;        {if(Hi<=Hj)GOTO}H1H2;
                    │スクロール(L)        │]}Z2X3X4;      {if(Hi=Hj)GOTO}H1H2;
<X,U,ZのG倍>        │検索(F)...           │]}Z2X3X4;      {if(Hi<>Hj)GOTO}H1H2;
 Z1=X2*G;           └──────────────┘
```

図 10.5　上記（図 10.4）画面上で右クリック

ここで、"範囲指定（K）"をクリックする．左クリックを押しながらマウスでコピー範囲を指定する（図10.6）．

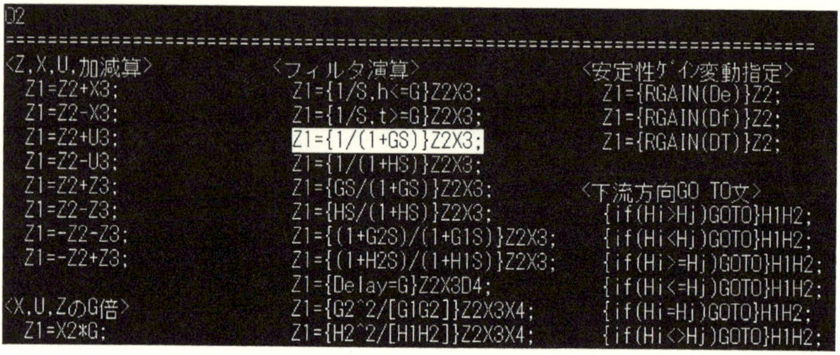

```
D2
<Z,X,U,加減算>           <フィルタ演算>              <安定性ｹﾞｲﾝ変動指定>
 Z1=Z2+X3;               Z1={1/S,h<=G}Z2X3;        Z1={RGAIN(De)}Z2;
 Z1=Z2-X3;               Z1={1/S,t>=G}Z2X3;        Z1={RGAIN(Df)}Z2;
 Z1=Z2+U3;               Z1={1/(1+GS)}Z2X3;        Z1={RGAIN(DT)}Z2;
 Z1=Z2-U3;               Z1={1/(1+HS)}Z2X3;
 Z1=Z2+Z3;               Z1={GS/(1+GS)}Z2X3;       <下流方向GO TO文>
 Z1=Z2-Z3;               Z1={HS/(1+HS)}Z2X3;        {if(Hi>Hj)GOTO}H1H2;
 Z1=-Z2-Z3;              Z1={(1+G2S)/(1+G1S)}Z2X3;  {if(Hi<Hj)GOTO}H1H2;
 Z1=-Z2+Z3;              Z1={(1+H2S)/(1+H1S)}Z2X3;  {if(Hi>=Hj)GOTO}H1H2;
                         Z1={Delay=G}Z2X3D4;        {if(Hi<=Hj)GOTO}H1H2;
<X,U,ZのG倍>             Z1={G2^2/[G1G2]}Z2X3X4;    {if(Hi=Hj)GOTO}H1H2;
 Z1=X2*G;                Z1={H2^2/[H1H2]}Z2X3X4;    {if(Hi<>Hj)GOTO}H1H2;
```

図10.6 １次フィルタ式の部分を選択

ここで、その選択した部分をクリップボードにコピーするが、通常と異なり、"Enter"キーを押すことに注意する．こうしてクリップボードにコピーされた１次フィルタの式を、＜制御式の入力＞のところにコピーするには次のように行う．再び右クリックして、上記図10.5の編集メニューを表示し、ここで、"貼り付け（P）"をクリックすると、必要な制御式を挿入できる（図10.7）．

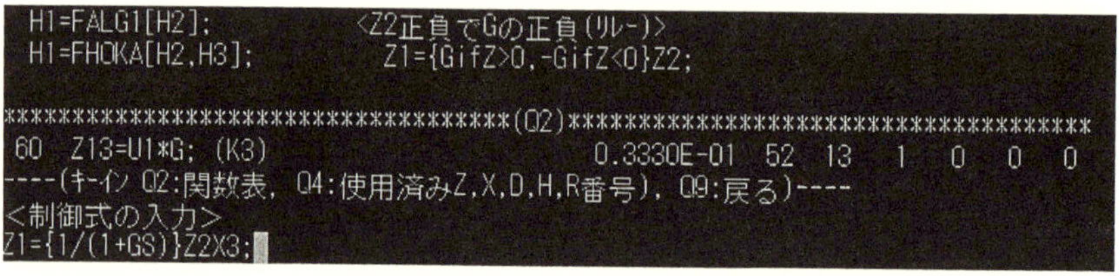

```
 H1=FALG1[H2];           <Z2正負でGの正負(ﾘﾚｰ)>
 H1=FHOKA[H2,H3];        Z1={GifZ>0,-GifZ<0}Z2;
*****************************(D2)*****************************
 60  Z13=U1*G; (K3)             0.3330E-01 52 13   1 0 0 0
----(ｷｰｲﾝ D2:関数表, D4:使用済みZ,X,D,H,R番号), Q9:戻る)----
<制御式の入力>
Z1={1/(1+GS)}Z2X3;
```

図10.7 ＜制御式の入力＞の１次フィルタ式の貼り付け

もちろん、このようにして挿入された１次フィルタ式における入力変数 Z2、出力変数 Z1 および積分用変数 X3 の各番号は、適当に付けた１〜３の番号であるので、これから作成する制御則ブロック図に対応する Z, X の番号に修正する必要がある．

また，"Q4"と入力すると，使用済みの変数が図9.8のように表示されるので，これから使用する変数が既に使用中の番号と同じにならないようにする．

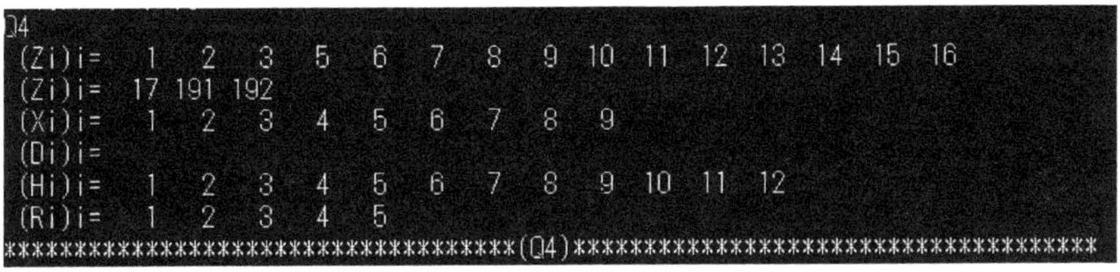

```
Q4
(Zi)i=    1   2   3   5   6   7   8   9  10  11  12  13  14  15  16
(Zi)i=   17 191 192
(Xi)i=    1   2   3   4   5   6   7   8   9
(Di)i=
(Hi)i=    1   2   3   4   5   6   7   8   9  10  11  12
(Ri)i=    1   2   3   4   5
*****************************(Q4)*****************************
```

図 10.8 ＜制御式の入力＞状態で Q4 とキーインした場合

② 行の削除

指定行の範囲が表示されているときに，"2"を入力すると下記のように，どの行を削除するかを聞いてくる．例えば，先ほど 61 行目に挿入した行を削除する場合は "61" と入力すると，再度 60～69 行の範囲が表示され，61 行目が削除されていることが確認できる．

③ 行入れ替え

指定行の範囲が表示されているときに，"3"を入力すると下記のように，どの行を入れ替えるか，入れ替え元の行を聞いてくる．例えば 15 行目を入れ替える場合は "15" と入力すると，移動先の行を聞いてくる．ここで 13 行目の後に移動する場合は "13" と入力すると，再度同じ行の範囲が表示され，13 行目の後に移動されていることが確認できる．

④ 別範囲表示

指定行の範囲が表示されているときに，"4"を入力すると下記のように，他の行表示範囲を聞いてくる．新たに 15 行～25 行を表示する場合，"15" および "25" と入力するとその範囲が表示される．

⑤ 全式チェック

指定行の範囲が表示されているときに，"5"を入力すると制御則のインプットデータにエラーがないかどうかチェックする．チェック後，エラー回数を表

示するが，0ならばインプットデータとして問題ないことを示す．

⑥ ゲイン変更

指定行の範囲が表示されているときに，"6"を入力すると下記のように，ゲインGを変更する行を聞いてくる．例えば25行目のゲインを変更する場合は"25"と入力すると，25行目が参考のため表示され，変更するゲインをインプットするよう表示がでる．新しいゲイン，例えば－2.0をキーインすると，再度行の範囲が表示され，25行目のゲインが変更されていることが確認できる．

⑦ 修正完了

制御則修正メニューが表示されているときに，"9"を入力すると再びインプットデータ修正メニューが表示される．

ここで，0とキーインすると"修正なし（完了）"となり，修正したデータにより解析が開始される．このとき，修正したデータは同じDATファイルに反映される．

(2) その他のデータ修正

上記制御則のデータ修正と同様に，下記
 ②状態方程式次元
  （→NXPの値変更する場合）
 ③外部入力
  （→時間関数の折れ点情報を変更する場合）
 ④デバッグ時間
  （→0.0以外の時間に修正すると，その時間から内部データを詳細に表示するモードにはいる）
 ⑤計算時間
  （→シミュレーション時間を変更する場合）

についても，オンラインでデータ修正が可能である．修正したい項目の番号をキーインすることにより，各項目の修正ルーチンに入ることができる．

参 考 文 献

1) 高橋利衛：自動制御の数学（第9版），オーム社，1968.
2) 鈴木　隆：自動制御理論演習，学献社，1969.
3) Heffley, R. K. and Jewell,W. F.：Aircraft Handling Qualities Data, NASA CR-2144, 1972.
4) McRuer, D, Ashkenas, I., Graham, D.：Aircraft Dynamics and Automatic Control, Princeton Univ. Press, 1973.
5) 有本　卓：線形システム理論，産業図書，1974.
6) 古田勝久，美多　勉：システム制御理論演習，昭晃堂，1978.
7) 高橋安人：システムと制御（第2版，上，下），岩波書店，1978.
8) 伊藤正美：大学講義 自動制御，丸善，1981.
9) 明石　一，今井弘之：詳解 制御工学演習，共立出版，1981.
10) 古田勝久，川路茂保，美多　勉，原　辰次：メカニカルシステム制御，オーム社，1984.
11) 嘉納秀明：現代制御工学—動的システムの解析と制御—，日刊工業新聞社，1984.
12) 加藤寛一郎：最適制御入門 レギュレータとカルマンフィルタ，東京大学出版会，1987.
13) 小林伸明：基礎制御工学，共立出版，1988.
14) 岩井善太，井上　昭，川路茂保：オブザーバ，コロナ社，1988.
15) 美多　勉，大須賀公一：ロボット制御工学入門，コロナ社，1989.
16) 前田　肇，杉江俊治：アドバンスト制御のためのシステム制御理論，朝倉書店，1990.

17) Blakelock, J. H. : Automatic Control of Aircraft and Missiles, Second Edition, John Wiley & Sons, 1991.
18) 土手康彦, 原島文雄：モーションコントロール, コロナ社, 1993.
19) 美多　勉：H∞制御, 昭晃堂, 1994.
20) 細江繁幸, 荒木光彦監修：制御系設計―H∞制御とその応用―, 朝倉書店, 1994.
21) Zhou, K. and Doyle, J. C. : Essentials of Robust Control, Pretice-Hall, 1998.
22) 野波健蔵, 西村秀和, 平田光男：MATLABによる制御系設計, 東京電機大学出版局, 1998.
23) 木村英紀：H∞制御, コロナ社, 2000.
24) Abzug, M. J. and Larrabee, E. E. : Airplane Stability and Control, Second Edition, Cmbridge University Press, 2002.
25) 森　泰親：演習で学ぶ現代制御理論, 森北出版, 2003.
26) 嶋田有三：わかる制御工学入門―電気・機械・航空宇宙システムを学ぶために―, 産業図書, 2004.
27) 片柳亮二：航空機の運動解析プログラムKMAP, 産業図書, 2007.
28) 片柳亮二：航空機の飛行力学と制御, 森北出版, 2007.

索　引

あ　行

アクチュエータ　11
安定　64
安定性解析　130

位相　54
位相余裕　65
1次遅れ　151
一巡伝達関数　33
一巡伝達関数の極　38
一巡伝達関数の零点　38
一般化プラント　107
一般的オブザーバ　100
インプットデータ　1, 7
インポート　133

オイラーの公式　14
オイラーの方程式　74
オブザーバ　99
重み行列　73
折点周波数　58

か　行

外部入力　108
角条件　39
拡大系の状態方程式　84
拡張メタファイル　133
可制御正準形式　91
観測量　108
感度関数　112

逆行列　101
行入れ替え　163
行削除　163
強制力　22
行追加　163
共役転置　109
行列式　101
極　25
極形式　13
極配置法　91, 159
極・零点配置　3
虚数部　13

ゲイン　11, 54
ゲイン変更　163
ゲイン余裕　65
減衰固有角振動数　28
減衰比　20, 28
現代制御理論　22, 73

古典制御理論　73
コマンドプロンプト　6
固有角振動数　20, 28
根軌跡　38
根軌跡の分離点　44
混合感度問題　113

さ　行

最終値の定理　16
最小次元オブザーバ　100, 160
最適制御解析　159

最適レギュレータ　73, 74, 159
サーボ系　83

時間空間　18
時間推移定理　16
時間積分　15
時間微分　15
システム状態行列　21
実数部　13
シミュレーション　1
シミュレーション解析　131
周期　28
修正完了　163
周波数応答関数　54
周波数伝達関数　54
出発角　42
純虚数　56
状態観測器　99
状態フィードバック　108
状態変数ベクトル　21
状態方程式　22
乗法的誤差　112
初期誤差　99
初期値の定理　16

推移定理　16
ステップ応答　12

制御入力　108
制御入力ベクトル　21
制御量　108
正則行列　101
積分　151
絶対値　14
絶対値条件　39
零点　25
漸近安定　108
漸近線　42
線形安定性解析　1
線形2次形式積分制御系　85

線形2次形式レギュレータ　75
全式チェック　163

相補感度関数　112

た 行

対称正定解　108
ダッシュポット　20
多入力制御系　73
単位行列　22
デシベル　55
データ更新　133
伝達関数　19
伝達関数行列　22

等価制御系　112
到着角　42
特異値　109
特性根　25
特性方程式　25

な 行

ナイキスト線図　64
ナイキストの安定判別法　61

2次遅れ　153
2次遅れ要素　20
2次形式評価関数　73
2次標準形　20
入力行列　22

は 行

ハイパス　152
ばね定数　22

不安定　64

索　引

フィードバック　11
フィードバック制御　31
フィルタ　140, 151
複素行列　109
複素極　28, 42
複素数　13
複素数空間　18
複素零点　42
部分積分　15

閉ループ制御系　32
閉ループの極　38, 61
閉ループの零点　38
ベクトル軌跡　64
別範囲表示　163
偏角　14

ボード線図　55
ボード線図による安定判別　67

ま　行

無限遠点　41

目標値　11

や　行

ヨー角速度　75
横滑り角　75

ら　行

ラグランジュの未定乗数法　74
ラプラス逆変換　26
ラプラス変換　14
ラプラス変換表　17

リカッチ方程式　74
リードラグ　152
リミット　156
リレー　157

レート制限　155
連立1次方程式　18
連立微分方程式　18

ロール角　75
ロール角速度　75

〈著者略歴〉

片柳亮二（かたやなぎ・りょうじ）

1946年，群馬県生まれ．1970年，早稲田大学理工学部機械工学科卒業．1972年，東京大学大学院工学系研究科修士課程（航空工学）修了．同年，三菱重工業株式会社 名古屋航空機製作所に入社．Ｔ－２ＣＣＶ機，ＱＦ－104無人機，Ｆ－２機等の飛行制御系開発に従事．同社プロジェクト主幹を経て2003年，金沢工業大学教授に就任．博士（工学）．

実用ソフトで簡単計算
KMAPによる制御工学演習

2008年9月25日　初　版

著　者　片柳亮二
発行者　飯塚尚彦
発行所　産業図書株式会社
　　　　〒102-0072　東京都千代田区飯田橋2-11-3
　　　　電話　03(3261)7821(代)
　　　　FAX　03(3239)2178
　　　　http://www.san-to.co.jp

装　幀　菅　雅彦

印刷・製本　平河工業社

© Ryoji Katayanagi 2008
ISBN 978-4-7828-4096-2 C3053